入选"2022 年农家书屋重点出版物推荐目录"

小城镇更新

——建成环境的可持续更新策略与案例

Renew of the Small Town

The Sustainable Renewal Strategy and Case Study of Built Environment

李 乘 著

中国建材工业出版社

图书在版编目（CIP）数据

小城镇更新：建成环境的可持续更新策略与案例/
李乘著．--北京：中国建材工业出版社，2021.11（2024.1 重印）
ISBN 978-7-5160-3280-0

Ⅰ.①小… Ⅱ.①李… Ⅲ.①小城镇－城市规划－建
筑设计－研究－中国 Ⅳ.①TU984.2

中国版本图书馆 CIP 数据核字（2021）第 163989 号

小城镇更新——建成环境的可持续更新策略与案例
Xiaochengzhen Gengxin——Jiancheng Huanjing de Kechixu Gengxin Celüe yu Anli
李乘 著

出版发行：中国建材工业出版社
地 址：北京市海淀区三里河路 11 号
邮 编：100831
经 销：全国各地新华书店
印 刷：北京印刷集团有限责任公司
开 本：710mm×1000mm 1/16
印 张：14
字 数：250 千字
版 次：2021 年 11 月第 1 版
印 次：2024 年 1 月第 2 次
定 价：79.80 元

　　本书是我近十年来在新型城镇化过程中对小城镇建设的建筑设计和规划实践活动的小结，更是我求学过程中对城镇发展发自内心的持续兴趣和爱好的产物。

　　任何尺度的规划设计离不开现实环境的天然属性，比如在国家新型城镇化发展过程中，日新月异的城乡动态发展现实对指导目前规划设计引领的城乡建设至关重要。

　　于我而言，这种对城镇尺度建成环境的本源兴趣一直存在且贯穿于我的生长环境和成长过程中。我出生于浙江省淳安县千岛湖镇（原名排岭镇），从蹒跚学步起便和发小穿梭于大街小巷，丈量这一座城镇的尺度。作为新安江水库新移民的二代，我时刻体会着山城小镇的秀美山水和环境。

　　我在湖南大学建筑学本科学习时，身处岳麓山脚，临湘江之畔，以一个求学者和体验者的身份，浸润在以大学为基础的小城镇发展和动态变化中。湖南大学南校区没有校门和围墙，各个教学楼和岳麓书院井然有序地散布在溁湾镇的湖南师范大学和中南大学之间的狭长地带。教师、学生和游客熙熙攘攘穿梭在城镇的商业地带，提升着城镇的活力和消费力，让人时刻感受着城镇和大学的息息相关，也影响着我未来对建筑实践和城镇发展的关注。

　　我在美国纽约普瑞特艺术学院（Pratt Institute）攻读建筑学硕士期间，主要学习参数化的设计方法和理论。结合在纽约的生活经历，我对中国城（China Town）的形成机制和扩散肌理产生了浓厚兴趣。在历史的发展轴线上，中国城一直在扩张和迁移，并产生了各式卫星城（镇）（Satellite China Towns），由曼哈顿开始，到皇后区（Queens）的法拉盛（Flushing）和布鲁克林区（Brooklyn）第八大道附近。更为有趣的是，印度城（India Town）、小意大利（Little Italy）和波兰城（Polish Town）也存在着类似中国城的发展肌理和动能。

　　回国实践过程中，拜师沈杰教授是我一生的幸运，正是沈教授开放务实的教学风格和在国际层面多学科交叉的学术支持、鼓励，让我有机会从更为综合的广阔视角结合充分的实践开展学习。在浙江大学攻读建筑学博士的求学期间，我的专业素养和阅历达到了一个相对更加成熟的阶段。

对比国外的发展进程和近期内循环的经济体系构建，处于城乡之间的小城镇必然有广阔的发展蓝海。自 2011 年以来，我对省内小城镇建成环境可持续更新的思考和研究一直没有停止脚步，学术课题包括来自省政府的相关研究《浙江省新型城镇化建筑规划调查研究报告》和《浙江省新农村光伏一体化技术研究报告》，以及来自湖州德清县的《新农村风貌体系研究及图册》和丽水庆元县的《松源溪一江两岸城市风貌规划》等。由于专业的关系和个人工作成长发展的轨迹，我未来在很大概率上会继续自己的城乡建筑实践活动。

小城镇的建设发展是中国特色城市化进程的一种现实选择。小城镇一方面是城镇体系的末端，另一方面是农村地区的经济文化中心和集聚基地，长期以来发挥着连接城乡、促进城乡协调发展的作用。近年来，我国小城镇建设在取得一定成就的同时，也依然面临着诸多新的困境和问题。

同时具备城、乡属性的小城镇建成环境是包含建筑环境、自然环境与人文环境的社会生态系统。本书通过"新陈代谢""有机更新""城市复兴"与"同源设计"等更新策略，通过对浙江省小城镇环境综合整治三年行动计划的实践和反思，在新型建设模式指引下对小城镇建成环境可持续更新策略做了总结；以浙西南山区的实践案例为基础，总结出从建成环境类型划分的人为创造要素主导与自然进化要素主导的两类更新策略，以及从区域集群到个体到片区到片段到节点到细部的多尺度细分可持续更新策略。

本书的成形，离不开多年以来一路帮助我成长的各位领导、老师、同事和同学们。特别感谢我的导师沈杰教授和罗明霞老师！向我的家人和海内外的朋友们、一切和我有缘的路人过客表达谢意。他们中大部分人的名字我可能不一定记得了，但是正是这样的偶遇和交集悄无声息却又潜移默化地改变了我的一生。

本书的撰写不仅仅是学术本身的探索，也是我人生求索的阶段性整理和小结，希望为全国小城镇建设提供一定的思路和借鉴。针对本书目前探讨研究的内容，尚未完全形成成熟体系，依然有很大的研究空间，恳请更多的学者、专家投身到小城镇建成环境研究领域中来，为我国小城镇建设的美好未来群策群力，添砖加瓦。

作 者
2021 年 8 月

目 /
CONTENTS
/ 录

1 绪　　论

1.1 小城镇更新建设的起源

1.1.1 小城镇更新建设的现状

小城镇的蓬勃兴起已成为中国经济社会发展的一个重要标志。迅速发展起来的小城镇，不仅是农村经济发展的重要载体，更是城市与农村之间必不可少的桥梁，尤其是华东地区的一些小城镇，其经济规模甚至超越了中西部县级市、地级市的水平。当然，尽管城镇化战略的实施取得了显著进展，但也产生了亟待解决的新问题。

特色建筑或者古建筑是活着的历史、凝结的岁月、立体的艺术，它们站在一片片土地上历经风雨，见证世事变迁，留下了沧桑的故事。现行的建成遗产保护措施集中在表面的修缮，这不足以使建筑本身的历史得到延续，建筑功能的缺失使得人文环境过于单一。部分兴起的特色小镇建设确实不同凡响，产业兴旺，但资金投入大、招商引资困难等使得其不能作为典型模板而被广泛复制。

虽然城镇化战略的实施已取得了显著进展，但在小城镇更新建设方面还存在着一些问题：

1. 缺少针对小城镇产业发展和建设特点的乡镇规划以及设计体系

大量设计和施工业务广泛集中于城市的建设需要，针对于小城镇规划和设计的方法相对缺失。故当下所需的规划设计方法在具有建构技术的先进性同时，要根植于地域性文化批判和反思。

近年来，美丽乡村建设如火如荼地开展，针对美丽乡村的项目层出不穷，形成了良好的建设效果，并总结出了相对成熟的规划设计和建设体系。小城镇的更新建设需要因地制宜，不能简单延续套用城市设计或者乡村（村落）规划设计的经验性规划理论和设计方法，避免小城镇规划设计成果同质化。

2. 缺少对小城镇建成环境更新困境复杂性的深度认识

（1）缺少建设全过程精细化指导和系统化管理的小城镇规划设计研究方法。尤其是针对各种产业细分类型的小城镇，其特有空间尺度、产业结构定位和文脉分布特征的城乡规划和建筑设计方法仍然不足。

（2）缺少长效机制为指引的小城镇规划设计标准化建设体系建立和小城镇建设系统性的层次评价标准设置。

3. 缺少针对各种尺度小城镇集群建设实施过程的有效引领

（1）宏观区域规划上缺少区域文脉格局下的小城镇精细化文脉梳理研究和相应的细分建设导则指引，很容易造成同质化的城镇形态和产业重复建设，难以科学系统、有效地体现地域特色和文脉特征。

（2）微观设计施工一体化层面的困境体现在小城镇规划设计缺乏对建筑施工后续过程的掌控和对本土营造方式的发掘应用。换言之，在建设过程中没有结合当地实际，缺乏可操作性，设计与施工无法完全地有效结合，导致本土传统营造方式流失。

1.1.2 小城镇建成环境的研究动因

建成环境是人类长期建设活动的成果和产物，全球化发展迅速的当下，建成环境正以主动更新的方式迅速变化。现代化进程首先影响到的是城市的建成环境，随着人类社会活动的发展，建成环境不断演变、日新月异，从防御而封闭的场所向容纳人类各种社会活动的开放性场所转变，但在城市更新过程中也暴露了更新与建成环境保留之间的矛盾。在城市建设基本饱和、乡村建设有序进行之后，我国城市化进程中独有的产物——小城镇，包含部分城市和部分乡村特质的特定场所，必然也存在建成环境的更新需求，有需求就会存在矛盾。

1. 从研究内容和研究方法上拓展国内建成环境理论

以凯文·林奇（Kevin Lynch）的城市五要素（路径、边缘、区域、节点和标志物）来认知城市，以建构易于识别的环境[1]。但以此五要素建构的环境仅为建筑物理环境，虽然可以为形态及空间结构研究提供一定的方法论，但其并未提及人对城镇环境的影响及环境本身的意义所在。

现代主义建筑论是以建筑本体为核心的建筑中心论，过分强调建筑内部功能的安排，讲究形式对功能的映射，却忽略了建筑与外部环境的联系。后期文脉主义虽然弥补了相应观念和方法上的不足，但也只是建立一种空间、视觉上的连续，并未深入单元体内在机能的关联。

建筑文化是与艺术、传统文化不可分割的，同时建筑又是人们生活的场所。生活的社会性和复杂性不再是简单的技术问题。面对小城镇建设这一多元化的复杂系统工程，以小城镇建成环境作为研究对象和问题出发点，基于复杂性判断的多维度系统化研究方法，要以更广泛深刻地了解整体系统发展为视域范围。需要结合建筑学、社会学与环境行为学，定量与定性方法相结合，来弥补当下研究体系的不足。

2. 国内小城镇更新建设活动的需要

小城镇的现有建筑环境呈现出多历史时期特色鲜明的累积效应，这种非良性的、缺乏规划的生长肌理现状的产生，具有极大的改变难度和挑战。小城镇建成环境的形成有自身经济、政治和文化积聚的客观内在逻辑和历史必然性。如果失去了建成环境本身这一小城镇最大物质现存基础，盲目建立新城或任意放任城镇空心化泛滥，都不是目前大部分小城镇发展的合理路径。

西方的城市设计的理论在我国并未有完全对应的研究理论，城市设计理论和实践方法更不能应用于我国小城镇这一特例，而研究乡村的理论多偏于自然环境带给人类的馈赠，以及人类在历史中积累的经验，不能完全体现小城镇动态发展的经济要素和社会要素的进化。

3. 为未来国内小城镇更新建设活动提供策略模型

小城镇这个集各种信息、物质与能量活动为一体的物质载体，其本质是"为了满足自身客观生存发展需要而创造的产物"[2]，是一个具有特殊意义、复杂的、开放的系统。小城镇的多要素性、开放性、非线性动态演化的特征不同于乡村较为静态的发展，其更接近城市的形态特征。但在小城镇的动态演变过程中，比如"衰败"就可能是单元整体性的，甚至集群片区性的，这与城市区域性的局部衰败完全不同。因此，小城镇的更新更需要各因子的相互融合相互作用，而非单单个体化的建筑环境振兴或提升。

书中通过大量工程实践案例，总结分析小城镇建成环境特征，提炼可持续更新策略模型，并在建设活动中验证模型的可行性，为我国小城镇建成环境更新建设活动提供了理论基础和指导。

1.1.3 小城镇建成环境更新的挑战

2016 年年底，浙江省委、省政府着眼高水平全面建成小康社会的宏伟目标，把小城镇作为联结城乡融合发展的战略节点，做出实施小城镇环境综合整治行动的重大决策部署。从科学的角度出发分析,1191个乡镇沉积几十年的环境问题,不可能一蹴而就。因此在小城镇环境整治开始的执行初期不可避免地产生了一系列问题和难点:

(1)小城镇目前的大量研究停留在以政策和产业研究为主,任何一种针对小城镇规划和设计本身的研究最终都会不自觉地落入城市设计体系或者乡村本土营造的体系里,急需有自己的动态性且融合性的更新体系来实现小城镇建成环境发展复杂性的需要。

(2)缺乏专业建设和设计队伍。其一,部分山区道路崎岖,大型工程设备无法进入,建设活动开展遇到客观困难。其二,不同于乡村设计和城市设计,设计和施工团队缺乏相关实践经验。由于小城镇建成环境更新的类型和性质成分复杂,所以工种要求高,其工程量不大但耗费人力。

我们不能把小城镇环境综合整治所需要更新的环境,简单地归类到单纯的物理空间环境的整治,而是要从城镇发展的角度将小城镇发展的系统性和复杂性整合,得到其更新内置机制的特定历史规律。将此次整治行动作为催化剂(catalytic effects)进而持续促进更新机制的成熟,实现长期可持续的催化作用,使得小城镇建成环境集群的发展和更新进入一个可持续的阶段。

总体来说,浙江省小城镇环境综合整治行动的推行,特别是实施项目的落地有其特有的挑战和难度,应从中总结并落实一系列问题:怎么理解小城镇更新的策略?建筑如何实现更新?哪些该保留,哪些该推倒重建还是部分保留?整治或更新哪些内容?基础配套设施如何更新?配套景观该怎么做?如何通过这个行动实现小城镇建成环境的可持续性更新?

1.1.4 小城镇可持续更新策略的研究意义

20世纪70年代开始的大拆大建是我国针对建成环境进行的清除重建阶段。在恢复城市规划之前,几乎没有所谓的建成环境更新可言。党的十一届三中全会之后,人们认识到城市建设对国家经济发展的重要性,城市建成环境开始有计划地进行更新,但那时的更新更多的是物质环境的更新,文化遗产并没有得到妥善的修缮。

20世纪末开始,可持续发展的概念在全世界广泛流传,人们开始意识到今天的行为对未来的子孙后代的生活环境将造成极大影响。这时候的城市更新建设开始注重遗产保护,注重城市发展的价值。一直到党的十八大提出"建设美丽中国"后,建成环境的更新从物质环境的建设向文化传承、生态修复、人文环境打造的多目标发展。人们真正认识到建成环境的更新必须在一个社会生态大系统下完成，建成环境更新必须以环境可持续发展为目标。

本书尝试弥补小城镇建成环境更新建设模式的单一及其规划设计体系上的普遍缺失点，并建立一种适合小城镇建成环境的柔性更新建设模式下的全建设周期设计实践方法。建成环境可持续更新策略是为了让复杂动态发展的小城镇建成环境不断发展，为了让物质文明与精神文明并存发展，为了让中国特色的小城镇成为一张国际名片，为了让沉寂已久的中国建筑文化重新成为经典。

1.2 浙江省小城镇环境综合整治系列项目

1.2.1 项目概况

浙江省 90 个行政县（区）的 1194 个乡镇中近 100 个乡镇是此次小城镇环境综合整治的重点。项目有近 300 亿元资金投入，于 3 年内完成设计施工和投融资一体化的工程总承包模式（EPC）的综合整治。

数个小城镇整体打包进行设计、施工一体化实施整改，给予了设计师和规划师们很大的试验空间，来系统化分析更大空间尺度和文脉范围下，不同定位小城镇的不同营造策略。在项目深化过程中，为设计师和规划师们提供了前所未有的充分话语权，并且可以将规划设计深化到建设过程的营造细节掌控和指引中。

在项目投入资金大、完成时间短的情况之下，如何成功使小城镇的环境综合整治不流于外在的物理形式的改变？物质外观的修缮和整治可以用技术手段和施工技艺改变，如何真正促进小城镇的持续发展，不是一个简单的课题。唯有以小城镇的历史发展、理论构建、策略分析和本土营造的方方面面为根本，逐步考虑、解析，在实践中评价，在评价中丰富理论，通过这个环形研究系统充分论证研究，真正开启小城镇振兴发展的新篇章。

1.2.2 基于地域文脉分布的小城镇建成环境更新

1. 我国小城镇建成环境复杂性

追本溯源分析浙江省小城镇历史发展各个阶段和特定发展特点，客观归纳总结出在不同发展阶段和地域性建筑文化视角下小城镇建设常见现状类型及呈现出来的相应特征。着重分析浙西南山区小城镇发展现状与问题，通过新型工程模式的实施案例和项目分析，归纳整理其建成环境更新的相应特点。

2. 小城镇项目实践策略对比

针对相应小城镇发展特点和阶段的不同，将目前各个区域实施的设计为主的总承包小城镇项目各种建设数据进行量化对比分析，提炼出各种类型小城镇特有的规划要素和小城镇建成环境更新分类依据，进行跟踪研究分析。

3. 本土建构材料与空间形态现代应用

结合设计为主导工程总承包模式的实施流程特点，将小城镇规划→小城镇方案设计→小城镇施工图设计→项目施工管理→小城镇设施交付运营等传统流程优化，充分结合文脉区域分级规划体系，通过规划设计施工运营一体化的理想实践，实现分级信息传递到施工阶段，进而最终落实其本土建构材料以及传统空间形态的现代应用的可能性。在小城镇规划层面，探求一种基于城镇集群文化细分研究。在新型现代工程模式创新基础上，探索和深度解析利用先进工程模式下的小城镇建成环境可持续更新的规模化本土营造的研究方法。

4. 按照空间尺度等级提出小城镇建成环境更新策略

从区域层面的数个小城镇集群到个体小城镇，再到街道单元以及建成环境细部，小城镇建成环境更新可以根据尺度划分为不同空间尺度大小和相应建设特点，由此推导出小城镇建成环境可持续性更新分层分类策略，从历史、现代、自然与人为的角度总结小城镇建成环境可持续性更新的策略。这种更新策略的分级划分打破了传统上从项目策划到城镇规划到城市设计（城镇设计）到建筑设计和景观设计再到施工实施的程序性流程，关注于设计过程的整体性、持续性和完整性。

5. 小城镇建设后期评价体系

把已建设完成、正在建设的小城镇项目作为案例基础，设计相应调查问卷，从生态、经济、人文等方面评价建设情况，建立小城镇长效建设后期跟踪评估机制，建立可持续的评价体系，形成研究系统环形自我优化调整机制。

1.2.3 研究方法

1. 文献分析法

以建成环境更新为线索，通过大量查阅梳理建成环境和城市更新的相关文献，系统收集、整理、总结国内外建成环境更新的实践经验。同时深入学习扎根理论作为构建更新体系的研究方法，为构建理论体系和策略体系打下方法论的基础。

2. 理论研究法

小城镇建设成果形式多样，产业特征类型丰富，其建成环境既统一又复杂。本书将小城镇建成环境作为社会学概念的空间[3]，构建宏观、中观与微观的空间尺度来讨论物质环境建设活动。借鉴扎根理论的研究工具，多角度分析，从各个类属探索建成环境的要义。

3. 实证研究法

通过案例研究归纳目前国内小城镇建设的实践案例，总结其类型与经验策略，结合扎根理论研究法，进一步提炼关键要素。结合笔者参与的省内小城镇环境综合整治项目，验证策略体系在不同层级项目的应用，丰富理论实践在不同地域文化特征和产业结构特点下的建成环境更新体系。

4. 科学分析法

采用问卷调查方法和定性与定量相结合的分析法。运用比较、归纳与分类的逻辑研究法提炼指标，采用实地勘察与问卷调查法构建评价体系。充分利用层次分析法与模糊数学的科学方法进行主观因素的量化计算，使其更具科学性。

建成环境的概念、背景与历史

2.1 "建成环境"与"人居环境"的概念

"人居"是人类重要的创造物。西方文化中形成了关于功能、形式、结构、材料关系的符合理性原则的理论，但是从总体上讲，"人居"对上述知识体系的贡献，大多属于非文本的"默会知识"（tacit knowledge）。正如杨廷宝先生的学术思想中反复强调，不以"讲建筑为建筑"，不以"画建筑为建筑"，而是"多做建筑"。实践过程不仅是设计一幢建筑和一个建筑群，而是营造一种人居环境的情感[4]。

从词源上讲，"人居"一词是个外来语，是英语 human settlements 的中译，可直译为人类居民点、人类定居点、人类住区，也可广义地理解为人居环境、人类居住地，简称"人居"。而中文中没有"人居"一词，与此相关的概念是聚落、聚居地、聚居点。"人居"的重点在于"居"的理解，"居"首先是动词"住"的意思；其次是住的地方，属于物质空间概念；最后是指某个位置，属于方位、区位的概念。人居概念中"人"与"居"的关系是"居"所蕴含的"实物"与"行为"的关系。中国古代将建造房屋及从事其他土木的活动统称为"营建""营造"。中文中的"建筑"一词，既表示营造活动，也表示这种活动的成果，还表示某个时期、某种风格的建筑物及其所体现的文化成就（如徽派建筑）。因此，当建筑学的研究对象从"建筑"扩展到"人居"后，人居概念必须全面反映复杂的人居实践活动全过程。

综上所述，"人居"有两个不同层次的含义：一是指人居实践，即指人类为了满足自身居住的需要，利用各种资源，对人居环境进行选择、营建、使用、维护、改造等活动的全过程；二是指人居环境，可看作人居实践的对象，也可看作人居实践的主要成果，它们不仅仅是居民点，严格地讲应当包括乡村、集镇、城市、区域等各种类型和空间层次的场所[5]。

第二次世界大战之前，人居环境其实还未成为正式学术术语，只是在社会学、建筑学、地理学等领域被运用到，但这也为人居环境的提出奠定了基础。第二次世界大战后，人居环境与其他学科一样得到了极大的发展。2001年，吴良镛先生在他的《人居环境科学导论》中，从宏观角度将"人居环境"定义为"人类聚居生活的地方"，并进一步认为，包括城镇与乡村在内的人居环境可以分为自然、人类、社会、居住、支撑五个系统，并进一步明确了人居环境包含建筑环境、自然环境和人文环境。这与叶茂齐先生对乡村人居环境的定义也是一致的[5]。

人居环境作为人类生存活动密切相关的地表空间，是人类利用自然、改造自然的重要场所。它与建成环境有着相通之处——都是与人类活动有关的空间，但也有不同的地方，人居环境点明了居住的有形空间，而建成环境则是人为建造的生活空间。从研究历程看，人居环境是从建成环境研究发展起来的，而城镇的建筑环境一度也是人居环境科学的研究主体。国内运用人居环境的概念多于建成环境，而且从 20 世纪 90 年代后期开始，人居环境多用于乡村研究。

根据前文对建成环境、人居环境和历史环境等概念的辨析，用"扎根理论"定义小城镇建成环境。小城镇建成环境包含小城镇建筑环境、自然环境与人文环境。建筑环境不仅包含建筑单体、各种基础设施，也包含历史街区、历史文化的整体环境，更包含对自然环境进行的人工行为。人文环境则是人们在对建筑环境、自然环境进行建设活动时产生的生活模式、文化遗产以及思维方式等。

从拉普卜特对建成环境的定义中，我们可以抽取的类属是诸如河流、湖泊、建筑物等的固定元素，植被、绿化与娱乐健身公共设施等的半固定元素，以及与固定元素、半固定元素交互活动所反映的意识形态、文化传统等的非固定元素。

综上，小城镇建成环境是居民生活的建筑环境，包含小城镇的建筑与基础设施、周边绿化空间与小城镇的空间结构与肌理；是当地自然地理气候、河流、湖泊等组成的生物圈所在的自然环境；与自然环境构成交互关系，反映思维意识、生活方式、历史文化等形成的人文环境。小城镇建成环境是一个社会生态大系统，有着动态与复杂的特征。

2.2 小城镇建成环境的经济社会背景

近年来，我国小城镇发展以浙江省的发展最有代表性，在大力推进现代化城市、美丽县城建设和美丽乡村建设之后，涌现出一个个体现浙江风采、江南韵味的美丽城市、美丽县城和一道道美丽乡村风景线。而在小城镇方面，浙江省委、省政府先后做出加快中心镇改革发展、开展小城镇培育试点、创建特色小镇等一系列决策部署。通过实施"三改一拆""五水共治"，小城镇实现了快速发展，小城镇建设管理水平明显提升，但是在环境品质方面存在道乱占、车乱开、垃圾乱扔、污水乱排、房乱建等"脏、乱、差"的突出问题。小城镇既不如村、更不如城，与美丽城市、美丽县城、美丽乡村格格不入的尴尬局面，成为城乡协调发展的一大短板，也是"两美"浙江建设的一大隐痛。

"十三五"时期是浙江省经济社会全面转型的关键期，是浙江省建设"两美"浙江、高水平全面建成小康社会的关键阶段。为此，自2016年9月起，浙江省全面开展小城镇环境综合整治行动，围绕提高宜居宜业的水平，从脏、乱、差等老百姓最关注的问题入手，努力让小城镇整洁有序、彰显其特色。

浙江省的小城镇环境综合整治行动，在整治对象上以乡镇政府和独立于城区的街道办事处为主要对象；在整治范围上突出乡镇政府（街道办事处）驻地建成区，同时兼顾驻地村（社区）的行政区域以及仍具备集镇功能的原乡镇政府驻地；在整治目标上聚焦环境整治，计划用3年左右时间治理小城镇的脏乱差，使全省小城镇环境质量全面改善，服务功能持续增强，管理水平显著提高，乡镇（街道）面貌大为改观，乡风民风更加文明，社会公认度不断提升；在整治任务上围绕治脏、治乱、治差三大领域，突出"一加强三整治"，即加强规划设计引领，整治环境卫生、整治城镇秩序、整治乡容镇貌。

浙江省小城镇量多面广，这些整治对象在社会经济发展水平、城镇建成区规模、地形地貌、文化习俗等方面的差异显著。小城镇环境综合整治是浙江省在转型升级新阶段推出的新载体、新平台，是一个探索性、实践性的新领域，也是一项要长期坚持和持续推进的工作。

2.3 小城镇建成环境的历史背景

如何利用小城镇的环境综合整治行动，使其能够做到始于行政指引，而最终可以实现建成环境的持续提升发展？小城镇更新项目的具体实施过程对目前城镇发展规律的高度契合，激化了环境的潜在动因。什么样的项目构成是小城镇现状最需要落地改变的？为什么？每一个问题背后都需要深刻的思考和分析。

单纯的物质环境改造无法满足居民日益增长的精神文明需求，城市更新要从社会经济发展转向与物质环境相结合的整体性更新，强调以城市社会生态系统来指导更新、强调可持续发展。

我国大部分城市曾经集中进行新区扩展，而忽视了旧城更新，导致城市"衰退"的核心问题并没有得到及时的处理。我国旧城量大面大，必然要求我们转换思路，将旧城新区统一整合形成综合性规划再进行建设。所以说更新本身就是一种对现有建成环境的妥协，是一种理性化的城乡建设手段。可持续发展的根本是对历史环境的承接和筛选以及优化的系列过程，而不是简单的拆建过程。

当城市化与郊区化交互之后，大城市空间结构的变化导致了城市集聚区（urban agglomerations）和城市群（city clusters）的出现[6]。部分小城镇在这个过程中彻底消亡了（可参考笔者的文章《浙江中部地区城乡新社区集聚背景下人居环境重构的设计策略研究》指出的案例）。相邻小城镇间联系日益密切，彼此社会经济发展的依赖性与互补性也不断加深，在这样的背景下，小城镇建成环境更新也开始转向集群化规划。

2.4 建成环境更新理论体系构建的必然性

第一，小城镇建成环境的更新是一个持续动态的过程，环境改造仅仅停留在物质层面的表征，已无法实现建成环境更新的有机和持续的作用。生活空间特征的转换，不仅仅是在房屋户型和造型上的改动，更是其基本生活资料的变化。

第二，小城镇建成环境长期沉淀的历史文脉内涵需要可续持续的挖掘。本土营造策略的推行和实施，需要现代设计和施工技艺的整合推动，而非纯现代的技术输入。过分保护传统建筑，以旧修旧或修旧如旧的恢复古建筑群的方式，并不是最适合小城镇环境改造的解决方案。现代化进程发展的本身和全球化的理论，实质上也就是历史进程的一部分，这种历史和技术的交融可以体现在技术层面和材料层面，我们要考虑的是融合的程度和呈现出来的城乡风貌特质。

第三，规划—设计—施工需要高度整合服务于小城镇的更新发展，最好选择设计规划主导的工程总包模式。运用设计主导的工程总承包模式，在目前大面积更新项目开展的前提下，在更新项目本身的特质要求下，设计师和规划师获得了一定时期无与伦比的话语权。一方面体现在顶层设计环节就充分考虑到可持续更新的内涵要义，持续在后续实施过程中由设计师指导实践；

另一方面可以客观保证小城镇在短时间内可以实现工程作业的进度，完成客观考核的任务。

第四，针对产业相对落后的区域而言，小城镇环境综合整治要能够实现其产业规划的总体安排，即不仅仅将环境的提升停留在物质环境更新这个层面，更要充分考虑项目列表内容对后续小城镇发展的动态把握。因此，小城镇建成环境更新策略指引下的建设过程，应该是把研究的重点放在更新策略的可持续性上，不仅仅停留在项目验收阶段。

2.5　小城镇建成环境的复杂性

小城镇建成环境从物质环境到文化环境的整体更新，须参考小城镇建成环境发展的历史特点与小城镇更新模式，才能清晰梳理其中的必然性。

2.5.1　建成环境的概念和外延发展

建成环境自 20 世纪 70 年代中期以来在文献中开始被提及与常用，它起源于关于形式和空间对个人和社会行为影响的人类学和行为研究。这个概念在人类学中得到了发展，在后期的研究中，建成环境被理解为社会建构过程的结果[7]。

百度百科上对建成环境的定义是这样的：建成环境指为包括大型城市环境在内的人类活动而提供的人造环境[8]；在 WIKI 百科中的阐述为"一种用于给人们提供日常活动的人造环境，包括从建筑物、公园到运输系统等人员创建或修改的场所和空间"[9]。以上表述明显不全面，但也说明了这一定义所涉及的众多专业和方法。

在环境成本和长期影响越来越受关注、城市化正在改变地球大片区域的时代，建成环境的广泛概念更容易传达广泛的"系统"视角，其中存在大量建成元素的动态关系。最初为个别建筑物开发的模型，可以扩展到整个城市，并且可以在建筑设计和基础设施要求、城市形式和资源效率之间进行权衡。

"建成环境"一词取自拉普卜特的《建成环境的意义——非语言表达方法》（the Meaning of the Built Environment-A Nonverbal Communication Approach），中文译者黄兰谷将 Build Environment 译成"建成环境"。建成环境在广义上包括固定、半固定和非固定因素[10]。其中固定元素包括基础、屋顶、墙体、地板等很少发生变化的元素；半固定元素既包括城市内诸如树木、花草的城市家具，也包括建筑内的家具、装饰；而非固定元素则是人的行为、穿着、社交、活动系统和规则体系，反映集体的价值观、宇宙观、理想与需求。

在拉普卜特的基础上，我们可以通过三部分来理解建成环境：第一部分指固定与半固定元素构成的物质性实存环境、可视空间环境；第二部分是非固定元素也就是非物质性的因素；第三部分是前面两部分之间的实践与相互作用的关系，即物质性实存环境是集体社会意识形态的体现。例如希腊人的建成模式和宇宙观密切相关，严格遵循黄金分割，而罗马人则是权力至上与中央集权，故罗马中心广场布满了纪念堂、祭坛与寺庙[11]。这种社会意识形态的外化又受到物质因素和文化因素的影响和制约，即物质性的建筑环境不仅有功能性作用，同时又在潜移默化地教化和建构居住者的心理和行为。由此可见，建筑和环境在历史发展中不断交织，并成为历史文化和习俗传承的载体。

综合来看，建成环境包括物质空间、物质空间背后的意识形态，以及两者的实践交互关系。建成环境只能与"未建成"环境或生态圈形成对比，从系统性考虑，建成环境和生态圈都可以被认为是复杂的动态自生产系统。这些系统存在于松散的嵌套层次结构中，每个组件都包含在下一级别，并且本身包含较低级别的子系统链。作为自组织系统的建成环境起到"耗散结构"的作用，需要持续提供生产和维持其适应能力所需的可用能源、材料和信息，并拒绝连续的降解能量和废物返回生态系统（熵）[12]。建成环境与生态系统之间的关系在历史之外并不存在，它在不断变化，反映了社会系统的演变，并反过来影响这种演变。因此，将建成环境定义为社会生态系统而不是物体则更为合适。

本书所提及的建成环境是指人类直接感受到的生活空间，包含城市结构肌理的空间环境，当地自然地理气候、历史文化因素作用形成的人文环境，包括建筑单体、建筑群体、周边绿化空间，以及它们构成的相互关系。

环境是围绕人类的外部世界，是人类赖以生存和发展的社会物质综合体，可以有不同的分类，也存在相关的多个外延概念。普列汉诺夫首先提出了"历史环境"的概念，他认为，地理环境、历史环境和社会环境是相互联系又彼此区分的。每个环境都存在一定的影响其发展的条件因素，又同时受到邻近环境的影响和制约，由此多方面因素的影响和限制形成环境[13]。

从城市建筑学角度来看历史环境，可以这么认为，它是由与土地密切相关的文化遗产所构成的、一定范围的整体物质环境[14]。1964年，《威尼斯宪章》将历史文物建筑的概念定义为：不仅包含个别的建筑作品，而且包含能够见证某种文明、某种有意义的发展或某种历史事件的城市或乡村环境。从中可以看到历史环境不仅包括"历史地段""历史街区"等成片区域，也包括零散分布的历史建筑及其周边区域。

建筑学上我们通常使用建筑环境这个概念，但它更偏向于环境的物质性和空间性，不够全面，而建成环境则比建筑环境有更大的外延。作为各个时代的建设成果，乃是人类建筑文化创造的过程，其产生和发展都要受到地区自然地理环境、经济开发水平、社会文化状况的深刻影响和制约，并因此具有突出的地域性。它见证了历史变迁，是人类政治、经济、科技与人文等要素长期发展沉淀的产物。

2.5.2　国外建成环境理论的历史与现状

在学术研究领域，理论通常起着至关重要的作用，并为公共政策提供信息，提供明确的目标，并使社会得到更广泛的理解。

Hillier[15]的出发点是建成环境专业人员需要预测来自建成环境的物理和空间形式决策的社会结果。他认为通常在"城市社会学"和"社会与空间"中探讨的社会理论，都是以"社会第一"来探讨社会与环境的关系，故而寻求环境形式作为社会进程中空间维度的产物。他称之为"空间性"范式，但认为它没有达到以设计为目的建成环境所需的精确度。故又提出一种替代范式，通过"环境优先"来寻找建成环境空间形式中社会过程的证据，这就是"空间-语法"范式。这项研究既可以实现更高的描述精度，也可以实现可测试的设计层面命题。除此之外，还可以与社会理论中的主线公式建立联系。

Vischer[16]探讨了构建以用户为中心的建成环境理论的挑战和问题，叙述了以用户为中心的理论是围绕建筑用户体验和用户-环境关系的概念构建的，提出了建筑物支持用户活动的方式是系统地和详细地探索用户的体验。用户-环境关系是动态的、交互式的和互惠的：用户环境体验的一部分包括可能发生的任何用户行为的后果；另一部分是如何评估用户体验数据。事实上，如果用户指出环境特征或因素能支持使用者及其正在做的事，那么构建的环境是有效且有功能性的。Vischer认为，进一步发展以用户为中心的理论，可以使其应用于更广泛的建筑类型和项目增加环境支持，同时应用用户体验的知识，并将用户的反馈纳入供应链也最终将改变该行业的运作方式。

Rabeneck[17]致力于构建一个专门用于捕捉建成环境概念性的理论方案。他认为，产品（建造什么）和过程（如何建造）的不确定性来自建设中两个内在框架之间的冲突：一个是管理建造过程，从过去继承；而另一个是与如何思考建筑物有关，并不断发展。他提出了一个按需求和供给建立活动的框架，由监管调节，其基本思路是知识应该由三个部分组成并包含它们之间的关系：期许性、规范性和可交付性。作者将经验主义与工具主义作为科学方法进行了对比，并将后者视为其研究背景下的方法论。

Cairns[18]的出发点是关于建成环境的统一理论是否可行的问题。他认为应该在不同的、可能是不适合的理论之间做出选择，使所有相关和适用的理论和概念能够对建成环境的问题产生影响，以及面对强有力的行为者有选择地应用它们以实现特定结果的可能性。此方法借鉴亚里士多德实践概念或实践智慧（phronesis，古希腊单词），通过参考工作场所的研究领域来说明这种方法的可能性和局限性。Cairns 指出，不同群体对工作场所的物理和组织因素都有不同的反应，这些反应随着时间的推移而变化。这表明社会、物理和组织工作场所环境的要素之间没有简单的因果关系。这种理论化的实践智慧方法的特点是不同的本体论和认识论框架的包容性，因为它们对解决诸如我们去哪里，这个发展是否可取，应该怎么做，谁获利和失败，以及权力机制这些价值理性问题有相对贡献。故作者最后将该方法应用于建成环境来研究其理论。

Atkinson[19]的"可持续性，资本法和建成环境"回顾了基于资本会计和可持续发展指标之间的可持续性辩论。"资本法"的概念根源于经济学思想中关于增长和发展的长期传统，即超过总资产消耗价值的储蓄金额。虽然这种方法起源于国民经济层面，但 Pearce（2003 年[20]，2006 年[21]）已经证明，其后的见解和指标都与建设、建成环境等经济部门对可持续性贡献的讨论有关。Atkinson 最后总结了关于如何扩展资本法以进一步深入了解建成环境对可持续性的贡献的想法。这些扩展涉及衡量资本变化，扩大对建筑业活动产生的环境负债的评估，以及将土地确认为资产。

Moffatt 和 Kohler[22]的研究以历史视角出发，将建成环境作为一种社会生态系统进行分析。他们认为，现代世界观强调社会与自然之间的二分法是两个平等的实体，社会影响甚至支配自然。统一的社会生态系统理论现在成为自然科学（例如生态经济学）和社会科学（例如人类生态学）内部讨论的焦点。对社会和自然意义的文化认知也在历史上发生了变化。Moffatt 和 Kohler分析了这些发展中存在的四个主题。第一，存在一种在时间和空间上扩展系统限制的趋势，如生命周期分析方法所示；第二，强调平衡系统的观点，其目标是在自然和建成之间实现平衡、可持续的关系；第三，需要一个用于表示建成环境的共享框架，以应对相关的复杂性，包括生命周期成本计算和STEP 等信息模型标准；第四，需要一个可扩展的视角来模拟各种流量对库存和城市系统的净效应。

一种理论、一个概念的建立，都要经过漫长的探索。建成环境理论体系的建立很晚，但关于建成环境与生态系统之间的关系研究始于 16 世纪。历史描述不仅仅是背景，而且提供了将建成环境定义为依赖于历史背景的概念的论证的关键部分。历史学家和地理学家倾向于将建筑和自然环境视为物质领域中的连续统一体，而不是单独个体，且人类对自然的影响程度各有不同。当对生态系统或人类系统采取长期观点时，连续统一性变得尤为重要。

不断上升的国际贸易、启蒙运动、民族国家宪法以及即将到来的工业革命都是有望改变物质领域和社会的因素，建筑环境的文化背景与社会生态框架的相对价值也在同时发生变化。在此背景下，法国路易十四时期的让·巴蒂斯特·科尔伯特（Jean-Baptiste Colbert）撰写了"大法令"（Grande Ordonance）[23]，这可能是应用社会生态模型的第一次重大尝试。科尔伯特的目标是使法国在经济上自给自足，并通过补贴和关税保护鼓励工业的发展。他严格规范了制成品和农产品的质量和价格，并开展了积极的道路建设计划。对于目前的历史记录而言，最重要的是他的法令限制了对自然资源的使用，其中包括森林可持续管理理念的第一个表述（一年内减少的数量不超过森林一年内可以生产的数量）[22]。而他的一个门徒——德国贵族汉斯·卡尔·冯·卡洛维茨（Hans Carl von Carlowitz），在德国自由州萨克森州负责采矿和林业（木材是采矿所必需的）。他在 1713 年出版了一本关于森林可持续管理的开创性著作[24]，表明"资源经济"的诞生以及实施可持续收获率的想法是如何在工业革命之前发生的，并且是从启蒙的知识框架中产生的。

然而，到了 18 世纪的工业革命，以及随之而来的通过化学和力学对大自然的大规模开发，学者们的注意力集中在资源限制和能源与物质流动的长期平衡需求上。19 世纪，热力学（Maier）和生态学（Haeckel）的学科并行，直到今天仍然是理解建成环境与生态系统之间关系的重要基础。而这一焦点在 19 世纪的浪漫主义运动中的新视角是社会与自然的关系。物质代谢的概念从生物学概念扩展到包括自然和社会的能量流和物质流。由热力学第二定律定义的熵或单向能量流被证明是极具争议性的，但最终被应用于整个社会，以期建立以太阳能为主的社区和可持续的生活方式。到 19 世纪末，这个阶段的目的是将建成环境模型作为一个复杂的社会生态系统来运作。Patrick Geddes 作为新兴城镇规划运动的第一批理论家之一，认为在开始进行城市规划之前，应该让规划师本身沉浸在该地区的地理位置（也由此产生了他的著名格言：调查在规划之前）[25]。后期引用的在地调研也即始于 Patrick 的这一格言，"一个城市不仅仅是太空中的一个地方，它还是一部时间的戏剧"。由此可见他的观点是历史事实和趋势与地理要素一样重要。

19 世纪，以化学、物理、生态和经济为基础而形成一种理论，其中城市地区及其建成环境起着复杂的社会生态系统的作用。但是在 19 世纪和 20 世纪之交，这方面的研究逐渐减少。相反，随着世界大战和大规模工业化的推动，对建成环境的讨论几乎完全集中在城市重建和满足住房与相关基础设施的迫切需求上。直到 20 世纪 60 年代末，随着环境运动和第一次石油危机，系统生态学和由此产生的一般系统论成了自然与经济界更复杂模型的基础。当时也出现了城市新陈代谢研究中最著名的视觉表现图 "L'ecosystèmeurbain bruxellois"[26]。紧随工程生态学及其在城市新陈代谢中的应用之后的就是城市生态学新的研究领域的建立[27]。不少学者反对用城市的能源循环来阐释生态系统的循环，但作为研究的趋势和探索，能量的循环与生态系统息息相关，建成环境的讨论离不开能源的流动，人的建设活动无法摆脱能源的束缚。如果对于建筑学的讨论只停留于美学与艺术，那势必无法体现环境的系统概念。新陈代谢的概念与生态系统的概念虽不是完全适宜，但站在循环体系的角度，笔者认为它们也是可以类比的。

此后，对第二次和第三次工业革命的反馈成了建成环境的核心问题，但城市和区域规划的物理模型也仅限于运输工程和施工管理问题，而石油危机的冲击引发了对增长限制的争论，也提高了对有限资源的认识。这反过来催生了环境经济学的新领域，强调了自然的价值。尽管如此，关于城市和区域规划的辩论并没有真正提出这些问题。

直到 20 世纪 90 年代，人们越来越关注环境影响和资源短缺问题，探索建成环境、社会和生态圈之间的物理和经济关系的方法取得了重大进展，诸如生命周期分析（LCA）和物质流分析（MFA）等方法已得到完善和标准化，并通过建立信息模型（BIM）和库存聚合方法启动了各种类型的共同框架。这些进步仍然主要与研究有关，专业人员在其标准下的实践中没有经常应用这些进展，每个人都以自己的方式为新兴的跨学科方法做出贡献。结合起来，这些方法构成了正式系统视角的基础。这种视角可以量化每个尺度的流量和效果，并且改变了如何将建成环境概念化的问题，任何新的建成环境理论都可能从这个新系统的角度出现。

Fischer-Kowalski 和 Weisz[28]综合了一个新的跨学科框架，促进了统一理论。他们的框架包含两个关键概念：社会经济代谢和自然过程的殖民化。代谢是指物质领域的人类和自然子系统之间能量和材料的平衡流动。殖民化描述了通过文化要素对物质领域的占用，以重现（并可能扩大）社会本体。

20 世纪 70 年代中期开始在文献中频繁出现建成环境之后，基于自然科学的现代世界观才受到后现代思想家的挑战，这种讨论也渗透到建成环境的研究领域。但这些以自然科学为参考点的反应性讨论是否也是带有误导性的？使用自然科学中心的世界观的批判性研究力量是否能更积极地用于各种科学体系的建立？这些问题也让很多国家的学者困惑并付诸研究。定义建成环境的理论正是在这样的背景下产生的。对建成环境的形式与空间等各部分有深入分析，但其更广泛的系统性被作为研究对象而进行全面的框架研究，是直到 21 世纪英国索尔福德的讨论会才开始的。

2.5.3　国内建成环境研究的过程和成果

国内建成环境的研究起步较晚，也未出现完整的理论体系的研究，起初的理论多在历史环境与现代建设的融合方面进行探索。20 世纪 50 年代，我国城市建设与历史建成环境矛盾突出，如何在历史建成环境中进行大规模建设成为建筑界的焦点。梁思成先生系统地研究了古都北京历史建成环境，提出了新北京城市建设的方案，突出了新建筑与历史建成环境的融合。1992 年《中华人民共和国文物保护法实施细则》的出台，强调以文物保护为中心内容的历史文化遗产保护制度从形式走向成熟。

受道氏学说和"人类居住"概念的启发，中国学者吴良镛于 1989 年出版《广义建筑学》，并在此基础上提出建立人居环境科学。他认为，当今科学的发展需要"大科学"，人居环境包括建筑、城镇、区域等，是一个"复杂巨系统"。在它的发展过程中，面对错综复杂的自然与社会问题，需要借助复杂性科学的方法论，通过多学科的交叉从整体上予以探索和解决[29]。1999 年的《北京宪章》提出要追求建筑环境的相对整体性及其与自然的结合，同时重视新建筑与历史环境的融合。

1999 年吴良镛的《发达地区城市化进程中建筑环境的保护与发展》，2000 年阮仪三的《历史环境保护的理论与实践》以及 2001 年张松的《历史城市保护学导论——文化遗产和历史环境保护的一种整体性方法》，都是对建成环境保护与城市发展的重要理论研究。虽然他们并未对建成环境的本源概念产生过多的兴趣，但都立足于我国当下面临的问题，重视城市结构与形态的研究，对城市化进程中的城市环境建设与更新有极大的指导意义。尤其是吴良镛先生，重视工程学的方法研究，使其研究更具实践性、可操作性。

20 世纪 80 年代之后，国内学者对建成环境的概念直接加以应用，实践上处于不自觉的理论吸收阶段，其评价领域的研究也如雨后春笋一样出现。1982 年常怀生先生的《建筑环境心理学》，是国内环境评价理论的开端。他对使用后评价（Post Occupancy Evaluation，POE）的基本原理和操作方法也做了系统研究[30]。华南理工大学吴硕贤[31]教授以人群的主观评价为研究核心，利用量化方法进行居住区环境质量评价，他指导下的朱小雷博士从方法学的角度，系统研究使用者主体价值需求为中心的建成环境主观评价方法理论体系与应用技术[32]。其他如俞孔坚[33]、袁烽[34]等学者对景观评价方法的研究，偏重于景观美学、偏好及敏感度评价等方面。他们的成果对建筑环境主观评价研究也有启发。

21世纪初开始，国内有学者、研究人员对建成环境的质量对城市设计，对人类身体素质、心理健康等方面的影响展开研究。近年来，如东南大学、同济大学等学校在建成环境适应性技术、历史建筑保护、数字技术等研究领域开展积极的研究。2017年，在由中国建筑学会和同济大学共同主办的国际学术研讨会上，人们开始在国内频繁使用"建成遗产"这一概念。常青院士对建成遗产的阐释如下："建成遗产是国际文化遗产界惯常使用的一个概念，泛指以建造方式形成的文化遗产，由建筑遗产、城市遗产和景观遗产三大部分组成。将'建成遗产'概念的空间范围扩展开来，其另一种表述方式就是'历史环境'（historic environment），即具有特定历史意义的城乡建成区及其景观要素，比如城市中的历史文化街区和乡村中的传统聚落。不仅如此，'历史环境'概念的外延还包括那些虽建成遗产早已凋零，但历史地位影响依然深厚的地方。"① 由此引起了国内建成遗产的研究热潮。同年，同济大学成立建成环境技术中心，以期面对建成环境领域的复杂性及其科学问题，围绕数字设计、健康设计、城市大数据、生态城市设计等专题，为建立新的理论、方法体系和技术创新提供科研支撑。

总体来说，建成环境在我国的发展可归纳为以下几点：

（1）理论处于探索阶段，偏重于评价理论和方法的探索，对于建成环境的本源理论涉及较少，多涉及外延相关领域理论研究；

（2）研究人居环境多于建成环境，且人居环境研究已成体系；

（3）多为建成环境理论的应用，多限于因研究需要而进行使用后评价研究；

（4）未形成适合我国国情的、系统性的建成环境理论，在建筑业也未形成有效的设计方法；

（5）评价研究与工程实践应用脱节，建设动态过程的反馈机制尚不健全。

---

① 常青院士在"2017建成遗产：一种城乡演进的文化驱动力"国际学术研讨会开幕式上的致辞。

2.6 小城镇建成环境的可持续性

可持续发展这一话题是伴随着人类进入 21 世纪的重要研究课题和政策议题之一。1992 年里约热内卢峰会上的文献和报告中提取了 4 个原则：公平，关注贫穷和弱势群体；未来性，关注子孙后代；环境，关注生态系统的完整性；公众参与，关注公众对影响他们决定的参与感。这 4 个原则不仅仅是单纯的环境议程，还有对环境条件变化的原因更好的理解。虽然其中只有一个原则与环境直接相关，其他则是道义、责任、文化或共同拥有引起改变的影响机制，但它们或多或少地都对可持续发展有影响[35]。

如前文所述，吴良镛先生在 20 世纪 80 年代提出了"有机更新"，他在 90 年代又提出了"人居环境"来应对传统建筑学面对的挑战：建筑师作为城市及更大尺度的区域设计主导者是困难重重的；建筑学分化出的景观设计、城乡规划等学科都希望得到发展；建筑学研究内容从物质空间向经济、社会和环境发展；各方利益渗透入学科，派生出更多相关学科向应用领域延伸，如土地、旅游、农业、艺术等；空间的整体性和连续性被打破。规划、建筑、景观三大学科即便有所分工，也是相互渗透影响，向着研究"人类-居住-自然"关系问题发展，因此一开始的可持续发展与人居环境的关系极其密切。从 1980 年联合国环境与发展大会向全世界发出的呼吁到 1987 年《我们共同的未来》的报告，都明显反映出可持续发展成为人居环境发展方向的趋势[36]。逐步地，大多数由为居民提供居住或工作场所引起的干预活动都对环境有负面的影响。这就意味着，建成环境对环境可持续的政策和评价都有影响。随着个体行为向团体和国家行为乃至全球环境之间的相互作用转变，加上建筑因素对世界能耗的贡献，情况变得日益复杂。

为了获知城市的发展状况，推动建成环境的有序发展，我们需要对其进行评估，而采取的评价方法必须能够判断是否存在满足城市未来和文化遗产的环境承载力，能评估城市发展进程中出现的人类居住形式是否具有社会可持续性。研究显示，目前评估的方法很多，学者们也未对普适的理论框架达成共识。但一般来说，将可能的环境评估观点划分为两大类：一类是认为它能够促进可持续发展，另一类认为现有方法不能评估非市场化物品和服务，故不适用于可持续性评估。Brandon 教授认为，环境评估方法能够促进可持续城市发展，且问题的根源在于城市发展周期中与大量可持续性议题相关的各种活动的系统评价方法的缺失[37]。

2.6.1　建成环境可持续性框架及其重要性

我们通常的思维里有这样一个系统模型：事物被建立后，存在于一个有限的时间里，能量在一段时间里不断增长，直到达到一个峰值，随后开始下降。小城镇建成环境作为一个社会生态系统，也存在这样的发展模型。城市、乡村或者小城镇从一个小定居点开始，慢慢发展成一个具有社会性的集合城市，物质和社会发展达到一个顶峰，然后在接下来的一段时间内维持，随后由于各种原因开始衰退。但一个人为的建成环境，我们很难相信一个城市基础设施全部损失，因为即便这种破坏发生了，基础设施仍然可以被重建。所以消失的通常是建成环境中非物质的组成，比如历史、文化价值。我们不能接受建成环境的彻底消亡，就必然会想继续发展，希望我们的子孙后代拥有与我们相同或更好的环境，我们会在开始衰退或者有更多的能量时投入新的发展，带动这个模型重新向上发展，也就是我们所知的可持续发展模型。对于小城镇建成环境的投入而言，它包括劳动力、基础设施、艺术、文化等，都是用来提升建成环境的发展的能量。

大多数有关建成环境可持续发展的早期工作都聚焦于生态维度的研究，并且这些相关的研究也反映到政府的政策文件和改革发展方向中。但是在诸如政治、社会、文化等维度的可持续发展，因没有合适的分析工具用于充分有效地分析这类问题，故一直缺乏解决策略。建成环境的研究在 2009 年开始进入一个新的发展阶段，而建成环境可持续性的研究在这个阶段其实也是有了进一步的发展。

建成环境性质的复杂性，以及可持续性更新的概念的多维性，使得制定建成环境可持续性更新策略困难重重。有学者认为[37]，有效的可持续更新策略和可持续发展计划应该是能保证决策者和实施者都充分了解可持续更新策略的相关问题、当地特点和社会需求。而这一过程就需要一个执行框架和指导实施的评价方案。

在提出建成环境更新策略理论之前，必须建立一个能够集合各种元素以评价建成环境可持续性的框架体系。在这个框架体系中，各元素应与可持续发展的各方面相融合，能够明确建成环境之间各方面的相互作用，并且能够用整体角度阐释问题。

20 世纪荷兰著名哲学家杜伊威尔的社会政治学对美国及西欧的社会政治架构都产生了重大的影响。在他的理论中最主要的是，他认为任何个体都是一个相对独立的整体，任何个体性的整体都由很多不同的方面组成，而这多元化指的是 15 个样态（方面），它们是从定量到最高级的价值系统的 15 个方面。各个方面之间并不是彼此独立的，每个方面都以自己的方式反映由各个方面组成的整体[38]。得益于该理论，避免了还原论和主观解释系统复杂性的特点，这个理论的 15 个样态用来构建建成环境的可持续发展的结构体系也是恰到好处的。

这 15 个样态组成了一个被称作维度的现实维度表。每一个维度都可以被定义为一个实体特征，包含意义与自有规则。表 2-1 提供了杜伊威尔的维度表以及含义，而表的第 3 列表明在可持续发展背景下各种维度的意义。

表 2-1　杜伊威尔的维度表及延伸含义（参考 Brandon 的相关表格[37-38]）

维度	含义	可持续发展背景下的意义
数字性（arithmetic）	各种数量，各种数字的运算	数值计算
空间性（spatial）	不断延伸，一定的空间范围	空间、形态以及延伸
运动性（kinematic）	动态的，世界都在运动中	活动与运输、迁移
物理性（physical）	物质元素，能量、质量	自然环境、能量
生态性（biotic）	生命机能，生命力，有机体	生态多样性、生态保护
敏感性（sensitive）	内在、外在的感觉，情感	对环境的见解
分析性（analytic）	对实体的观察力、认知活动	有条理、有逻辑的知识
历史性（historical）	都处于历史过程	创造性和文化的传承力量
语言性（lingual）	信息、符号，进行沟通	媒介与沟通
社会性（social）	社会关系网络，社会交往	社会凝聚力
经济性（economic）	节约，价值	经济效益、效率
美学性（aesthetic）	和谐、美丽、平衡	建筑风格和视觉审美
司法性（judicial）	公平、公正	权利和责任
伦理性（ethical）	仁爱、道德	伦理问题，如牺牲现代利益、造福后人
信仰性（pistic）	信义、诚实、守信	承诺、视野

杜伊威尔的哲学理论里的这 15 个维度的次序也不是随意排列的，靠前的维度作为基础服务于靠后的维度[37]，如敏感性维度是针对生态性、物理性维度的，伦理性维度也是在司法性的基础之上产生的。故这 15 个维度是相互关联、互相影响的，并且各维度相互之间关系的紧密性也是反映在表格的位置上的，影响越大则越靠近。

2.6.2　建成环境的多重维度

建成环境既是自然系统的一部分，也与环境系统（自然维度）和人类系统（社会性与经济性维度）有着内在联系。在文献综述中，我们也看到，不少学者认为建成环境是一个社会生态系统，这就说明建成环境的可持续性必然是建立在社会性、经济性和生态性之上的。作为自然实体，它具有可延伸的空间、有变化的能量。在建成环境的定义中，我们也看到过物理环境这样的字眼，说明它是具有物理性维度的，可以协调内部组织或系统发展。

此外，人类对周边环境是有感知的，并且能分析或尝试分析周遭的一切，这也就是敏感性与分析性维度。而人们根据以往经验不断发展本身就显示了其历史性维度。人们之间的沟通交流也就是社会性维度和语言性维度。建成环境所建造的房屋、所创造的场所是代表设计师审美的。一系列法律法规规范了土地使用与建设流程（司法性维度），现代生活是经济发展至上还是考虑有所牺牲有所得（伦理性维度），最终科学研究会带领我们走向更美好的生活。

综上所述，杜伊威尔的 15 个维度揭示了建成环境的复杂性及其包含的意义。当然，正因为它的复杂性，每个维度所包含的相关问题也极为复杂，但这 15 个维度的理解为建成环境更新的策略提供了针对性的独特视角，也能更合理地分类建成环境更新的方法。下面是每个维度对应的建成环境可持续发展的理解。

（1）数字性维度：指的是事物的确切数量。如建筑物占地面积、所用材料数量。这是最基本的数字特征。

（2）空间性维度：指的是连续延伸。如建筑的形态、布局、地形、区域的拓扑结构。一个地点、一个建筑物的可达性都是空间维度的特征。通常说的地域性，首先就是空间特征。

（3）运动性维度：开放、封闭空间、建筑物间人员或者物品的移动。小城镇的交通和流通是其可持续发展的关键因素，代表了对生态的影响，对生活质量的体现。交通不畅带来的发展滞缓是毋庸置疑的，发展首先需要能够流通。

（4）物理性维度：它的核心在于自然元素，如地区的自然事物，山地、湖泊、海洋；人工的阻碍，墙体、桥梁、设施。物理维度限定了整个建成环境。

（5）生态性维度：指的是有机生活。人们的生产、消费存在于自然界的循环中。建筑活动对空气、水和土壤都产生了长期影响，也对生物多样性造成不利影响。城市的建设与扩张造成了资源的紧缺与浪费，废物的产生进一步破坏生态。生态维度更多的是考虑减少人类建设过程的污染。

（6）敏感性维度：指的是人们的感知和看法。舒适、安全、休闲都是人们居住或工作的场所带给人们的一种感情反馈。建成环境的空间、物理特征都围绕人们对生活质量的感知。

(7) 分析性维度：人的情感是事物分析的基础。分析维度的含义是逻辑和区分。例如，设计和规划阶段，帮助决策者分辨设计的质量和施工的好坏。建筑物本身的形状、布局和形式为分析功能提供了信息。

(8) 历史性维度：代表着人类为实现更好的居住条件而使文化和技术不断进步。分析维度的研究活动可能为技术的革新带来可能性。建成环境的生产需要使用材料、消耗能源，它代表了一系列的操作过程。在规划设计方面，历史维度体现的是创造力和文化发展；在建筑遗产方面，它体现的是保护策略。

(9) 语言性维度：代表了信息与沟通。建筑物可以告诉人类它的功能，传递信息，能够从美学的角度向周边传递特定的价值。交流和媒介将人联系在一起、促进参与规划和建成环境可持续发展。

(10) 社会性维度：建筑规模、形式、周边生态环境状况、可达性、舒适度等都围绕着人们的社会交往，并与之相适应。

(11) 经济性维度：建筑的使用与其经济价值是紧密联系的。开发商和建设者对于初始有限的可用资源做出决策，决定建筑形式、布局和位置等建筑的基本问题。空间、运动、物理等维度其实都是由经济维度决定的。经济与环境是相互依存的。环境质量可以提高建筑物的经济价值，但经济发展也会对自然环境产生损害。

(12) 美学性维度：其核心就是建筑各元素之间的和谐度。建筑风格和装饰具有审美意义，被人们所认可。

(13) 司法性维度：指的是在风格、外观色彩、用材、术语和操作守则等方面约束建筑。建筑物在当地政府的监管下，属于公共或私人所有。当地政府通过法律系统调节城市综合体的运作。它包含美学性维度，也包含经济性、社会性等维度。尤其是司法性维度和生态性维度之间的关系更为紧密，例如环境保护。

(14) 伦理性维度：包括由爱和道德支配的生物和非生物的其他实体的特定的态度。简单地说，就是对人性的爱，对邻里的爱，对自然的爱。在一定承受范围内，尊重子孙后代的需要，为子孙后代的福祉牺牲当下的利益。

(15) 信仰性维度：人信仰的内容和方向各不相同。建成环境是人们所想的反映。城镇的形式、布局和基础设施，以及我们的审美等都只是信念的反映。

上述 15 个维度为决策者提供了一个在建成环境可持续发展的整体系统、

一个框架体系。这个框架有益于利益相关者合作，有助于决策制定者相互交流，做出相应的选择。这个维度框架体系虽然不能解决建成环境可持续发展的全部问题，但它为各学科、各专家之间的协同整合提供了平台，使得所有的知识、技术都可以联系在一起。这15个维度所体现的内容也将为后文建立小城镇建成环境可持续更新的评价体系打下基础。

2.7 小城镇研究载体的逻辑选择

2000年7月，中共中央、国务院出台了《中共中央、国务院关于促进小城镇健康发展的若干意见》（中发〔2000〕11号），意见中对"小城镇"做出了明确的定义："国家批准的建制镇，包括县（市）政府驻地镇和其他建制镇。"这明显是具有中国特色的一个研究对象，幅员辽阔的领土、经济发展不一的城镇必然是复杂的。

2.7.1 小城镇相关概念对比分析

1. 小城镇的概念演化

小城镇是我国特有的概念，也是人类社会发展中一种重要的聚落形式。其多学科的交叉、理论与实践的错位以及社会发展的动态性等，造成了小城镇这一概念的模糊与多义。

世界上绝大多数国家都有"镇"的建制，但"镇"的含义不尽相同，因国而异，甚至一些国家的"镇"的概念比较模糊。例如，瑞士把人口5000人左右的地区视为小城镇；日本把20000～150000人的地区视为小城镇；加拿大把300～10000人口的地区视为小城镇；而澳大利亚的小城镇则多指农村社区[39]。

在绝大多数联邦制国家，"镇"不是联邦政府设立的一级行政区，而是由规模上达到一定标准的居民社区自愿申请设立，如美国200人的社区即可申请设镇。镇是一级独立的、法定的、有一定行政辖区边界的行政区划单位，与所在的郡（县）、市没有行政级别高低之分，没有行政领导与被领导的关系，而是有着高度自治权力的地方政府。此外，很多国家市和镇并不是以人口规模而定的。英国在历史上把大主教居住的地区称为市，而不论其人口多寡、地域大小，圣大卫城即是如此。在英格兰、北爱尔兰、威尔士，有一定规模、得到君主认可、能组织起来建制的地区，统称为镇[40]。

我国学术界关于小城镇的概念定义和范围界定历来颇有争议，多学科参与小城镇概念的研究在客观上促进了对其内涵的深入理解，但各学科本身限制、侧重不同，也使得小城镇的概念变得模糊。

从社会学的角度看，费孝通先生在 20 世纪 80 年代初提出的观点指出：小城镇是城乡过渡性的社会实体社区，其本质是"新型的正在从乡村性社区变成许多产业并存的向着现代化城市转变中的过渡性社区。它基本上已脱离了乡村社区的性质，但没有完成城市化的进程"[41]。

从城市规划学的角度看，中国城市规划设计研究院晏群提出"小城镇"指行政建制"镇"或"乡"的"镇区"部分。宪法中明确规定了"镇"是同"省、市、县、乡"一样的国家行政区域划分中的一级行政建制。作为"县"以下层次的一级行政建制，其对应的行政管辖范围一般是面积达几十甚至几百平方千米的，包括大量农业用地和以农业人口居住为主的村庄在内的"镇域"。"镇区"是"镇"的真正"城镇实体"，城乡规划中所提的"建设小城镇"就是特指发展建设"镇"的"镇区"，而发展建设"镇"的"镇域"是发展建设广大的"农村"。两者的概念应该区分开来，所谓发展建设小城镇，就是专指发展建设行政建制"镇"的点状的"镇区"而不是面状的"镇域"[42]。

从地理学的角度看，地理学家普遍将聚落区分为城市和村落两类，其中，"村落是以农业人口为主的居民点，是相对于城市（或城镇）而言的一种聚落类型""是指建制镇以下的地域"[43]。由此可见，在地理学中，小城镇被视为城市的一种，是城市空间体系的组成部分。

从经济学的角度来看，更多地将镇作为经济研究的一个载体。在吸收其他学科观点的基础上，更加强调城镇的经济功能，如"城镇是其所在地区的中心和人口集中点，是以非农业生产活动为主，并有一些非生产活动（行政、军事、文化等）的一种居民点（聚落）"。由于长期以来国家政策、城市规划学及地理学普遍将小城镇视为城市的一种，城镇与城市两种概念的混用已经难以扭转，继而出现了城镇化、城市化，乃至于都市化。同一来源不同翻译术语就被赋予不同的意义，用英文表达也就出现了 urbanization、citification、metropolitanization[44]。在这种背景下，唐耀华[45]试图从经济学角度严格区分城镇与城市，他将是否有许多"消费需求的突增变量"视为两者间的本质区别。

从行政管理学的角度看，建制镇与非建制镇之间在行政体制、社会管理、财政税收等方面都存在着明显区别。中华人民共和国成立以来，涉及小城镇标准的城乡行政标准至今已有三次较大调整，1955 年国务院批准通过《我国城乡划分标准的制定》[46]，凡具备下述条件之一的地区都是"小城镇"：

（1）县级或县级以上地方国家机关所在地；

（2）常住人口在 2000 人以上并且非农业人口的比率在 50% 以上的居民区；

（3）常住人口在 1000 人以上且非农业人口比率超过 75% 的主要商业所在地和职工住宅区等；

（4）具有疗养条件，而且每年来疗养或休息的人数超过当地常住人口 50% 的疗养区。

1963 年中共中央、国务院制定的《中共中央、国务院关于调整市镇建制，缩小城市郊区的指示》[47]提高了设置镇建制的标准，规定常住人口在 3000 人以上且非农人口比率在 70% 以上，或常住人口在 2500 人以上且非农人口比率达 85% 以上的地区为城镇；少数民族地区的工商业和手工业集中地，聚居人口不足的，确有必要由县级国家机关领导的地区可设置建制镇。

1984 年民政部《关于调整建镇标准的报告》[48]调整设镇标准如下：

（1）县级或县级以上地方国家机关所在地；

（2）总人口在 2 万人以上，且乡政府驻地非农业人口占全乡人口 10% 以上的乡，或总人口在 2 万人以下但乡政府驻地非农业人口超过 2000 人的乡；

（3）少数民族地区、人口稀少的边远地区、山区和小型工矿区、小港口、风景旅游、边境口岸等有必要设置镇的地方。

在《中共中央、国务院关于促进小城镇健康发展的若干意见》（中发〔2000〕11 号）中关于"小城镇"的定义可以明确，小城镇通常只包括建制镇这一行政区划范畴。综上，各学科小城镇的界定见表 2-2。各学科从自身理论体系出发对小城镇概念的界定可以相互补充，为跨学科整合的概念重构做出理论铺垫。

表 2-2　各学科小城镇的界定

角度	内涵
社会学	一种比乡村社区更高一层次的社会实体
城市规划学	行政建制镇的"镇区"
地理学	城市空间体系的组成部分
经济学	经济集聚中心
行政管理学	行政单元，只含建制镇

资料来源：笔者整理。

小城镇作为一种实体的空间存在，涉及文化、社会、经济、政治、生态、建筑、地理、社会关系等诸多领域，这一特性也决定了小城镇的研究者必须具有广阔的视野，需要综合多学科的知识。

以往对小城镇的研究，诸多的观点定义在很大程度上厘清了小城镇的基本特征，但定义只是为小城镇给出了平面化的概念，缺少全方位立体化的阐释。因此，我们对小城镇的观察与研究更多地应该采用描述的方法，小城镇的观察及研究离不开城市、乡村这两个范畴，因此，本书也对城市、小城镇、乡村三者进行比较分析，通过相似性和差异性的描述来获得对小城镇的科学认知。

城市、小城镇、乡村三者之间既有共性，又有差异。它们的核心及灵魂都是人，在本质上都是一种基于人群集聚之上的物化形式，但在人口规模、空间形态、经济发展、社会状况、文化内涵和生态文明等方面又有着不同的外在表现。小城镇作为乡村向城市转化的一种过渡形态，既有城市的一面，又有乡村的一面。三者的产生和发展都来源于人的主观能动性，但是构成人群不同，也就造成了不同的特征。三者都是一种有限空间边界的聚落形式，三者的发展动力都来自行政因素的推动，但三者在人口规模、空间形态、经济发展、社会状况、文化内涵和生态文明等因素上存在差异，如表2-3所示。

表2-3　我国城市、小城镇、乡村的差异分析

差异因素		城市	小城镇	乡村
人口规模	非农人口比例	人口规模大，非农比例高	非农比例较高	农业人口为主
空间形态	地域范围	实体地域大	实体地域不大	实体地域小
	建筑形式	现代化特点，摩天大楼	刻意追求现代化造型	
	形态特征	现代化、国际式，历史和现代共存	各个旧时期建筑形态的叠加累积/割裂式现代化	聚落形态传统式
经济发展	产业结构	第三产业发达	第二产业为主	农业为主
	经济总量	总量大，人均GDP高	总量不大，人均GDP较少	总量小
	消费市场	居民购买力强，消费类型丰富	有一定购买力，消费类型日益丰富	以生活必需品为主
	收入	收入水平较高，有足够盈余	收入水平中等，有一定盈余	收入水平靠农业收入，积蓄不多

差异因素		城市	小城镇	乡村
社会状况	生活方式	竞争压力大，娱乐活动也多	竞争压力小，有一定娱乐活动	生活节奏悠闲，生存压力较大，娱乐活动较少
	公共供给	全面有保障	各地不均衡	基础设施薄弱
文化内涵	人文环境	传统思想受到西方思想的撞击，居民主人翁意识强，存在西化现象	中西方思想并存，弘扬传统美德，又吸纳西方先进思想	村规民约等系列传统道德观念强
	建成遗产	保护意识相对成熟	缺乏保护，人工破坏相对严重	自然消亡，缺乏专业性保护
生态文明	自然环境	工业现代化明显	保留一定自然环境	自然环境优美
	环保观念	环保观念普遍，但实践性较差	环保观念逐渐普及，但实践性弱	现代环保观念薄弱
	节能减排	能耗大，排放大	相对较小	传统民居舒适性差，能源方式陈旧，生活垃圾排放大

注：实体地域[49]指坐落在地表的实际范围，集中了各种城市设施，以非农业用地和非农业经济活动为主体的城市型景观分布范围，相当于城市建成区。

实践意义上的小城镇，更多地强调淡化小城镇的行政色彩，在观察某一具体小城镇时，参照学术意义上的小城镇概念，根据本地区在社会发展的不同阶段对其做出不同解读，其概念外延可以采用灵活的态度向上或向下延伸。现在的统计习惯是将县城关镇和县城以外的其他建制镇列为小城镇，如我们所说的小城镇数量现已发展到2万多个，就是基于这样的统计，这一统计方法与《城市规划法》是一致的。

小城镇的发展是我国改革开放以来快速城镇化发展历史进程的缩影。小城镇概念的产生与发展的过程中，还吸引了包含社会学、地理学、规划学、经济学等多个学科参与到概念研究及界定中来，在一定程度上促进了对小城镇丰富内涵的深入把握和立体理解。小城镇概念的形成，具有中国独特城市化发展历程的深深烙印,是我国改革开放以来城乡社会经济动态发展的特有产物。此外,小城镇作为一种复杂的社会形态,其本身也在不断进化,这都加剧了其概念的复杂性[50]。

2. 相关概念对比

由小城镇建设而衍生的小镇建设在全国掀起了一股热潮。特色小镇作为小城镇发展的有效模式,对新型城镇化发展意义重大,是实现中国特色新型城镇化道路的重要路径。特色小镇首次在浙江被提及[51],2014 年 10 月时任浙江省省长李强在杭州云栖小镇上提出:"让杭州多一个美丽的特色小镇,天上多飘几朵创新'彩云'。"其后,发展改革委、财政部以及住房城乡建设部决定在全国范围开展特色小镇培育工作,计划培育多个各具特色、富有活力的休闲旅游、商贸物流、现代制造、教育科技、传统文化、美丽宜居等特色小镇,带动全国小城镇建设。从内涵上看,特色小镇与特色小城镇概念有明显区别,如表 2-4 所示。

表 2-4　特色小镇与特色小城镇概念对比

项目	特色小镇	特色小城镇
概念	聚焦特色产业和新兴产业,集聚发展要素,不同于行政建制镇和产业园区的创新创业平台	以传统行政区划为单元,特色产业鲜明、具有一定人口和经济规模的建制镇
特征	具有明确产业定位、文化内涵、旅游和一定社区功能,强调经济性、产业性	地理位置重要、资源优势独特、经济规模较大、产业相对集中、建筑特色明显、地域特征突出、历史文化保存相对完整,强调社会性、公共性
提出背景	经济转型升级、城乡统筹发展、供给侧结构性改革	新型城镇化建设 新农村建设
建设机制	政府引导、企业主体、市场化运作	政府资金支持、统筹城乡一体、规划引领建设

注:笔者整理来自前瞻产业学院的网络材料。

特色小镇与特色小城镇有本质区别,本书研究小城镇而非特色小镇。

2.7.2　小城镇发展模式的多样性

小城镇发展模式是在特定的经济环境下,运行机制基本框架和运行原则的总和,显示了小城镇发展轨迹和预期的发展前景。因各地人口、自然环境、经济水平的不同,小城镇发展模式也截然不同。

国内学者根据小城镇所处地域、产业功能、对外联系等因素，对现有小城镇发展模式进行了汇总和分类研究。小城镇发展模式的研究仍是源于费孝通先生，他总结出三种不同的普遍认可的模式[52]：

（1）集体经济推动型的苏南模式，即以农村或城镇的集体经济作为资金的原始积累，逐步壮大工业经济，带动非农产业发展，利用农村经济体制改革，推动乡镇企业发展，从而推动小城镇的建设和发展。

（2）个体经济推动型的温州模式，其特质主要是通过个体、家庭、联合企业等私营性质企业的迅速发展为小城镇建设和发展积累资金，市场经济的作用是其模式的重要特征。

（3）外向型经济推动的珠三角模式，其特点是发挥毗邻港澳的优势区位条件，借助多层次全方位的经济开放改革体系，立足良好的农业发展基础，通过发展外向型经济获得小城镇发展的资金。

此后费老经过实地调研，又提出不同的发展模式：

（1）"民权模式[53]"，通过对河南的考察，发现其特点是"公司＋农户"式农业产业化。

（2）"耿车模式"[54]，主要特征是以小型工业为主发展家庭工副业。

（3）"侨乡模式"和"晋江模式"，这两种模式主要是借助侨胞的投资兴办各种企业、成片开发工业小区，并进行集资经营、股份制经营。

学者们沿用费孝通先生的研究方式，提出许多各具特色的模式。此外，还有一部分学者从小城镇的功能定位、基本特征等方面对小城镇的发展模式进行研究。早期费孝通先生也是用小城镇的功能定位——商贸中心、行政中心、工业中心等，来划分不同"类型"。田明、张小林[55]则通过要素法把相互作用的三个维度，即经济发展水平、城镇体系结构和区域内部结构进行排列组合，得到27种初始类型，通过筛选去掉12种，保留15种小城镇发展的类型。曾任住房城乡建设部副部长的仇保兴[56]则把小城镇划分为10种发展模式：城郊卫星城、工业主导型、商贸型、工矿依托型、交通枢纽型、旅游服务型、区域中心型、边界发展型、移民建镇型、历史文化名镇。牛力、关柯与罗兆烈[57]总结了我国现有的国家级综合试点镇经验，并提出我国小城镇5种典型发展模式即城市辐射型、工矿资源型、市场带动型、旅游文化型、交通运输型。赵元强[58]认为我国各地的小城镇在实践中形成了工业主导型、商业贸易型、交通枢纽型、旅游开发型、历史文化名镇5种发展类型。

也有其他学者从自己的视角出发归纳小城镇发展模式，但从现状来看，目前已受到广泛认可的主要是苏南模式、温州模式、珠三角洲模式、股份型模式、聚资模式、襄樊模式、矿工集聚型模式、风景区旅游型模式和服务基地型模式 9 大类。上述发展模式都是从小城镇自身发展过程出发，却缺少了一个以区域空间为出发点，能够覆盖区域内不同层次、不同水平、不同条件的小城镇体系的分类方法和模式引导。

在全球化背景下，浙江省作为我国东部沿海地区经济最发达的省份之一，其城镇体系的发展也呈现大城市主导、区域一体化特点。也有研究人员[59]在城镇体系规划的基础上，采用多因素空间叠置的方法，划分四种城镇空间组织类型，空间叠加相关指标，得到分类结果。

不同发展模式下就产生了不同的建成环境，其经济、人文、生态等因素都截然不同，在其更新过程中所采取的建设行为也各有侧重。

2.7.3 小城镇发展阶段的差异性

自 1998 年我国在关于解决"三农"问题的决策中和在国家"十五"经济社会发展规划中提出推进城镇化的战略，以及对我国几十年不变的城市发展方针做了一定调整后，人们普遍认识到推进和加速城镇化，使农村富余劳动力和过量的农业人口转化为城镇人口是解决我国"三农"问题的重要措施之一。自此，"城镇化"从学者们的论坛走上了各级政府的计划和议程，得到前所未有的重视。

城镇化是各个国家在实现工业化、现代化过程中一种社会变迁过程的反映，是客观规律的反映。纵观世界，各国的城镇化过程无不和他们各自的国情（包括经济、社会、历史、地理、民族、文化等）有关，从而呈现出不同的城镇化道路和不同的特点。城镇化受工业化和经济社会发展所带动，但是它的推进也反过来促进经济社会的发展。因此，对待城镇化，既不能"人为抑制"，也不能"拔苗助长"[60]。

中国的城市文明源远流长，极具丰富的内涵，对当代中国城镇发展产生了广泛而深刻的影响。中华人民共和国成立后，我国社会生产力在新的社会制度下不断被解放出来，工业化取得了较大成绩。统筹城乡发展、推进城镇化的历史任务被提到重要的位置，我国开始了城镇化发展的新征途。依托各地区位优势、主导产业、动力机制、空间范围等，我国城镇化进程展现出多种多样的发展模式。

小城镇作为新型城镇化发展的新载体与新模式，是新时期我国重点发展的领域。不容忽视的是，在经历了前几十年的数量激增和规模膨胀后，量大面广、发展不均仍然是我国小城镇的现实特征，小城镇将会面临更加深刻的质的提升和层级的分化，分化发展是未来的战略选择和现实路径[61]。

改革开放之初，小城镇发展的基本动力是农业的发展以及农产品商品率的提高。20世纪70年代末到80年代初，正是我国农业生产责任制兴起、完善和推广的时期，农业劳动生产率的提高使本来就存在的农业剩余劳动力的数量进一步增加。农业剩余劳动力有两个出路：一是外出打工，二是在集市上从事农副产品交易、饮食服务业和手工业。故而初级发展阶段的小城镇主要是农副产品和手工业品的交易中心以及小手工业生产中心，现代工业品的交易较少，交易者也主要是农民。随着城乡连接作用的进一步发展，乡镇企业推动着小城镇的迅速发展，吸引了大量农业剩余劳动力，大大增加了小城镇的人口数量，而且使一些乡村变成了小城镇，从而增加了小城镇的数量[62]。

随着改革的深入，宏观经济、社会环境的改善，乡镇企业实力的提高，以及由此带动的第三产业发展，促进了农村工业化、非农产业化与城镇化的协调发展和有机结合，推动小城镇进入了新的转型发展阶段。"十三五"期间推进新型城镇化建设、开展特色小镇培育与建设工作，这些宏观政策都为小城镇发展提供了新的方向和路径。小城镇不仅承担全面建成小康社会、促进城乡和谐发展的重任，也肩负区域资源优化重组、推动地方产业转型升级的使命[63]。

江浙一带小城镇建设发展一直处于全国领先地位。自改革开放以来，浙江省每一次重大的区域经济社会转型和自下而上的地方改革都是从小城镇起步的。以20世纪90年代中期为界，浙江省小城镇的发展阶段前15年是原始工业模式下的自我快速积累阶段，后20多年是在政府调控下的转型发展阶段。快速积累期小城镇的数量激增，大量家庭民营企业依靠灵活的机制，及时补充城市国有企业物质生产供应的不足，使得浙江省很快就以各类专业市场的形式抢占了国内市场。而到了90年代中期，全国性生产过剩现象逐渐显现，政府调控力度明显加强，浙江省也开始撤乡并镇，进行空间重组，加快推进产业集聚与升级的步伐。浙江省小城镇发展的两大阶段也能代表中国小城镇发展的两大阶段。

2.7.4　小城镇建设的问题累积

20世纪是全球城镇化快速发展的时期，全球城镇化率到20世纪末已达到48%，而20世纪初只有13%，100年间提高35个百分点，全球城镇人口达到28.6亿人。这个时期的特点是：大量发展中国家开始城镇化，其中一部分国家由于农业生产率低下、农民缺少生计，大量涌入缺乏就业岗位的大城市而造成所谓"过度城镇化"现象；一部分发达国家则基本达到了城镇化相对停滞的阶段，这些国家的城镇化率不再上升，但并不意味着城市停止发展。

随着城镇人口数量的增长及其在国家和地区总人口中所占比重的提高，城镇的空间形态发生了很大的变化。大城市不断增长，百万人口以上的大城市在1950年有71座，2000年增加到388座。人口超过1000万的巨型城市是20世纪后半期出现的，1950年只有1座，2001年已有17座，其中13座在发展中国家（包括中国的上海、北京）。这种巨型城市无一例外都是"区域性的城市"，从区域范围看，有些发达地区出现了以一个或几个大城市为核心，周围分布着成组成群中小城镇的都市连绵区。这种特大城市组群形态的出现是经济发展特别是交通运输条件发展所促成的。可见，全球城镇化不仅仅表现在数字和比重的提高，还包含着丰富的、空间形态上的发展变化，表现出多样的形势和特点[64]。

中国的城镇化有自己的发展历程和特点。自中华人民共和国成立起，大致可以分为4个阶段（表2-5）[65]：

（1）1949—1958年第一个五年计划时期，国家开始进行工业化。在计划经济体制下，大规模的工业建设促使大批农民进入工厂，城镇人口有计划地增长，是城镇化稳步进行的时期。全国城镇化率从10.6%提高到16.3%，年均提高0.63个百分点。

（2）1959—1978年是城镇化徘徊、停滞的阶段，曾一度试图走"非城市化的工业化道路"，城镇化率在20年间提高1.6个百分点，年均增长0.08个百分点，还有几年是负增长。

（3）从1978年至2012年，是城镇化缓慢到快速发展阶段。

（4）从2012年至今，是发展模式转变阶段，城镇化率到2017年年末已达58.52%[66]。

表2-5　我国城镇化发展历程[65]

阶段	特　点
第1阶段（1949—1958）恢复和初步发展时期	经历中华人民共和国成立初期的百废待兴，国民经济逐步恢复，城镇实力大为增强，城镇人口从10.64%（1949）上升到16.3%（1958）
第2阶段（1959—1978）徘徊和停滞时期	重视"三线"建设，分散产业布局，否定了城镇建设中市场机制的促进作用
第3阶段（1979—2012）缓慢、快速发展时期	农村家庭联产承包责任制的实施，农业技术水平提高使得农村剩余劳动力增多
第4阶段（2012年至今）发展模式转变时期	党的十八大确定了我国新型城镇化发展之路，我国城镇化建设从物质因素转向了"以人为核心"

小城镇的发展过程是经济要素的聚集和组合过程，这种要素带有自发性，

却遭受了传统城市的排斥，各级政府在建设过程中也缺乏经验，因此在小城镇迅速发展的过程中也走过很多弯路。具体来说，有以下一些问题：

1. 小城镇布局不合理，规划缺乏科学性，定位不准确

一方面，我国小城镇数量多，普遍规模小。规模小必然导致城镇功能难以完善，吸引力差，公共实施修建和服务业的供给无法形成规模效益。但在发展的刺激下，每个镇又力图发展成为"小且全"的综合城镇。两种矛盾拉锯下，反而制约了小城镇的良性发展。

另一方面，规划的整体引领作用未能发挥。绝大多数小城镇都编制了总体规划，但按规划建设仍然存在无序建设的状态，基础设施共享率低，低水平重复建设严重。不同层级、不同方面的规划相互脱节，互不衔接，导致规划的指导性完全无法体现。也存在以下现象：一些小城镇规划功能分区不明晰，给后续施工建设带来难度；有些规划脱离实际，土地资源大量浪费；有些规划严重滞后，规划用地还没办理或批准建设已完成，建设反而需要规划修改或配合建设。伴随建设的火热推进，规划趋同、缺乏个性、定位模糊、发展目标不明确也成了当下小城镇建设的一个普遍问题，"百镇一型、千楼一面、万户一色"，无法体现小城镇原有的特色。

2. 小城镇资金、人才和技术匮乏，管理水平不高，社会化服务水平低

资金短缺问题是小城镇建设过程中所存在的一个普遍性问题，资金的多寡关系着小城镇建设的好坏，因此如何有效地筹集资金是小城镇建设中的一项重要工作。目前小城镇建设依旧依靠农民的投入、土地出让、政府政策性收费等资金渠道，尤其是基础设施建设仍然是乡镇政府投资占据较大比重。

金融、信息、技术等方面的服务水平低，生产要素市场发育不足，使得管理、规划、技术人才短缺，产品技术更新、产业升级受到严重制约，基础设施和公共设施建设明显滞后于当地经济发展。生产、生活区混杂，道路、商贸区混杂，镇容镇貌改观不大。开发建设方式落后，小城镇仍以分散零星建设为主，综合连片开发率低，整体环境差。综合治理能力弱，生态建设和环境保护工作滞后，"脏、乱、差"现象未得到根本治理。

3. 政策不配套，行政管理体制不适应，阻碍要素聚集

在政府管理体制方面，农业管理体制和小城镇体制使小城镇的政府机构设置和职能划分主要面向农业，而非农产业、社会事业发展所需的管理职能缺乏。土地缺乏统一管理，可行性论证缺乏科学性和实用性，大部分土地属于村、社集体所有或承包到农户，所以征地困难，更难于进行统筹调剂。这制约了用地规划，导致土地总量失控，土地流失或闲置现象十分严重。

4. 资源利用率相对低下，浪费严重

与大中城市经济效益相比，小城镇单位面积提供的国民生产总值仅为全国城市平均水平的1/3，其对公共设施的利用率远低于大中城市，技术水平也相对低下。小城镇的工业结构多趋同于大城市大工业的结构，但多数为低层次，对周边农村地区的吸附能力十分有限，造成了土地资源的浪费。

5. 农村工业粗放经营，生态环境日益恶化

农村乡镇企业技术水平低下，防治污染的技术管理水平也相对低下，其工业布局也很分散，造成防治污染的成本相对较高，环保监管难以到位，难以进行集中治污，小城镇"脏、乱、差"的环境问题越来越严重。

介于城乡之间、兼具城乡特点的小城镇不仅没有体现城市和乡村的优点，反而兼具了其缺点。其中包括：交通拥堵、环境污染等"城市病"，垃圾乱扔、污水乱排、杂物乱摆等"农村病"，甚至还有在小城镇表现尤为突出的道乱占、车乱开、摊乱摆、房乱建、线乱拉等"集镇病"。这不仅对城镇环境和居民的生活造成了困扰，也成为了小城镇未来发展的阻滞。

小城镇建成环境的建设，要根据城镇资源、区位、产业和经济结构特点和发展现状，并且要立足优势、扬长避短、突出特色，形成自己的独特优势，走出一条独具特色的发展道路。

2.8 小城镇建成环境特征与更新模式的分类

近年来出现了一类城市设计工作——"风貌整治"，其实是一种对已建成的沿街建筑进行拆违建、拆广告的管理行为，与设计的关联性似乎并不密切。但在拆除违建后，建筑立面不好看，风貌并未有大的改善。风貌整治诚然需要规划设计，这是对既有建筑未来发展的指导。小城镇建成环境＋包含的乡村的属性，必定留下了历史建筑，而历史建筑的修复不仅仅是建筑结构、材料的复制，更多意义上是历史文脉的传承。故而现行小城镇规划设计方法要解决复杂的现实问题，是一个极大的挑战。

小城镇建成环境更新模式的分类是基于各种模式的综合划分，并在历史发展中分析整理出来的。每一种更新模式都不是单一存在的，在我国城镇发展的今天依然会存在且综合作用于我们的城镇发展中。

2.8.1 小城镇建成环境总体特征

小城镇发展至今，因城镇化重点一开始在城市，导致了其居住环境的更新建设大大滞后于城市，存在以下总体特征：

1. 空间结构不成体系

从乡村发展而来的小城镇缺少规划指引，土地使用性质混乱、建筑布局不紧凑，造成了整体风貌形象欠佳、空间品质较差的局面。

2. 基础设施建设欠缺

道路状况一般，存在破损、低洼现象；交通设施不完善，设置不合理；环卫设施不足；地下管网建设严重不足等现象比比皆是，见图 2-1 ~ 图 2-4。

图 2-1　庆元县左溪镇道路状况（来源：团队拍摄）

图 2-2　庆元县左溪镇环卫状况（来源：团队拍摄）

图2-3　庆元县左溪镇建筑状况（来源：团队拍摄）

图2-4　庆元县左溪镇镇容状况（来源：团队拍摄）

3. 产业发展活力不足

产业发展动力不足，特色竞争力不强，资源优势挖掘不够，服务业规模较小。

4. 历史文脉断裂

在城镇化进程中，千镇一面的粗暴建设致使小城镇历史文脉断裂、衰退，失去了小城镇原本的特色。

2.8.2　小城镇建成环境更新模式

1. 大规模的拆建

大规模的拆建过程往往重塑了小城镇的外在物理界面，却没有深入解决社会性问题。拆除的过程需要有后续合理安排机会，否则将割裂小城镇物理空间结构和社会民众之间的潜在关系。城镇空间的剧变最终会导致社会对立面的激化和系列问题的暴露，因此必须重视物理空间之下的社会软件问题。

欧美国家历史上的 20 世纪 50—60 年代，是为恢复 30 年代的经济萧条打击和两次世界大战破坏的建成环境特别是解决战后住宅匮乏问题的重建年代。它们最初的做法主要是对城市中心区进行改造和清理贫民窟，然而大规模的推倒重建只是单调乏味的城镇面貌的改变，并没有解决社会问题。越来越多的人对贫民窟清除的不满以及随之而来的人口向周边地区倾倒，导致一系列政策的调整。

不管是欧美国家的重建时代还是我国的大拆大建期，都没能真正意义上解决社会问题，可见小城镇建成环境的更新模式采取简单的物质环境的更新是不足以支撑日益发展的人文社会大系统的。但对待污染区或者存在安全隐患的地区，确实可以采用此种模式做法，以彻底消除安全隐患，但在尺度把握上要尽量慎重且兼具人性化考虑。

2. 双修：修复空间形态与修复社会关系

摒弃割裂强调城镇空间，不再割裂历史人文或不同阶层的对立，强化邻里互动的过程，承认小城镇的复杂性和生活性。在小城镇建成环境更新过程中，不可否认有消极空间的存在，如果只是对脏乱区域进行简单粗暴的砌墙遮挡，将会是怎么样的局面？如何整体性系统化环境的更新？这与欧美国家 20 世纪 60 年代的城乡复苏阶段不谋而合，城与乡重新融合，一些中产阶级自发从市郊回到城市中心，与低收入居民比邻而居，原有邻里的意义在发生根本的转变之后，重新开始修复。

3. 对小城镇内部潜力的激发

城镇内部系统性修补的方式——更新模式（renewal），希望通过中心区的更新恢复以往的活力，更多地吸纳居民参与重建，力求从根本上解决经济衰退。

20 世纪 70 年代人们开始意识到，建成环境的衰退不仅源自经济、社会和政治关系中的结构性原因，也源于区域、国家乃至国际经济格局的宏观变化。相对外围气候的难以改变，邻里复苏、社区规划都是这一时期建成环境核心区的更新实践的典型途径。随着产业转移和人口迁移，也不可避免地出现城市衰退和部分乡镇的萎缩发展。在我国广袤的偏远小城镇也有这种情况出现，比如浙江最偏远的庆元县，此部分乡镇的整治内容，能否结合乡村振兴或者城郊发展战略，也考虑成乡镇复兴的可能？

4. 对公共空间和民众参与度的重视，强调自我更新机制与再开发模式（redevelopment）

小城镇的核心区域往往是文化积聚或者宗教信仰祭祀等活动的核心区域，具有自我更新的价值。其在民众心里有很高的位置，民众的童年记忆和精神寄托场所都扎根于此。经过研究发现，即便是再困难的城镇，对这个小城镇的特定区域的投资建设，往往通过简单的募捐都可能实现如期的修缮。

如何重新重视小城镇公共空间的打造和利用是一个重要的课题。与之类似的欧美国家的 20 世纪 80—90 年代，正是公共参与的规划思想广泛渗入城市更新运动的时期。同时也出现了一种由社区内部自发产生的自愿式更新，自下而上的"社区规划"，其规模较小，以改善环境、创造就业机会、促进邻里和睦为主要目标，这也成为当时城市更新的主要手段[67]。这种更新模式更像良性自我更新的阶段，强调自我针对产业和未来规划发展的自主性。

5. 国际经济形势下产业转移发展的挑战——再生/复兴模式（regeneration/renaissance）

面对经济结构调整造成的社会经济不景气和人口持续减少、老龄化的现状，为了重振建成环境活力而提出再生设计、绿色设计和可持续发展等新的更新方式。此时的建筑需要满足人与自然交流的要求，也要保持其原有的历史和文脉，让城市成为"有故事的建筑空间"[68]。20 世纪 90 年代及以后，城市更新进入了追求可持续发展的新阶段，并一直延续至今。例如，瑞典的"SymbioCity"（共生城市）是从可持续发展的城市建设中总结出来的一种跨学科整合方法，也是可持续城市发展方法的商标术语[69]。共生城市工作方法是一个支持低收入和中等收入国家可持续城市发展的概念框架，包含以下三种规划和发展：市域和城区的可持续发展评估、对现有城区的更新改造及功能转换、新城和城市新区的规划[70]。

小城镇建成环境的可持续更新，单纯依靠简单募捐无法整体地进行可持续发展，需要多方合作来解决资金、技术和人文等系列问题，整合现代生活的各要素来再造小城镇建成环境活力，同时保持和延续城市的历史和文脉。

小城镇建成环境可持续更新框架

更新框架建构需要指导解决的实践问题见图 3-1。

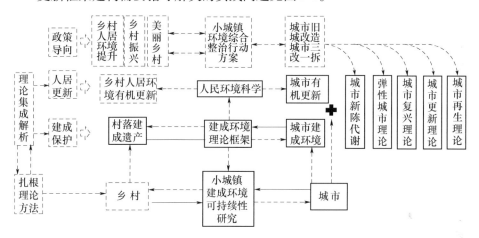

图 3-1　运用扎根理论构建小城镇建成环境可持续更新框架（来源：笔者自绘）

本章尝试运用扎根理论研究法将各种与小城镇建成环境可持续更新的相关核心类属归类分析，不否定任何相关信息的价值，尊重先前的经验与知识，不断尝试提炼出小城镇建成环境可持续更新框架来指导实践。

3.1　小城镇建成环境更新的定义

本章对小城镇建成环境可持续更新框架总体分为三点：

第一点，根据小城镇的城乡属性展开其城市与乡村的双重性定义；

第二点，根据内外体系流动建立小城镇内部与外部系统的联动视角；

第三点，根据小城镇动态发展的国内与国外的历史轴线研究产生的抽样编码。

具体阐述三者的关系：

第一点，城市和乡村的双重属性决定了小城镇建成环境更新框架的总体结构。从城乡属性的发展动态分类出发，结合城乡更新的相关成果，确定城市化全球化背景下小城镇更新发展的系统化框架，明确小城镇的城乡一体系统化的总体思路，逐步从小城镇的城市和乡村属性两方面组织更新框架。

第二点，从小城镇内外部系统联动角度建立内外能量流动的观点，分析小城镇更新的内在机制和动力。将小城镇群体当作是起源于乡村向城市过渡发展的过程体，其产生和发展是复杂而动态（甚至是不完善）的城乡雏形系统，它反映了小城镇内部从物质、社会、环境和经济向城市转变的许多过程，小城镇内部体系也是许多此类变化的主要产生者。任何小城镇建成环境更新，都离不开小城镇内部系统和外在影响的双重作用的结果。更重要的是，它也是具有自发性的对特定时刻特定地区的城市退化或膨胀带来的机遇和挑战的回应。

第三点，是介于上述两点的隐形逻辑。结合城市发展进程，将我国小城镇更新放到城市历史发展动态中，明确小城镇建成环境更新是我国特有的城乡发展命题。但是不能仅仅因为小城镇是我国特有属性而否定它是作为城乡发展过程的产物存在这个根本的逻辑。如果不能从人类乡村和城市发展的总体进程看待小城镇问题，那么将容易陷入就事论事的情况。

正是因为小城镇这一城乡集合体的存在，客观反映了我国现阶段城乡发展的动态过程的特点。在人类历史上各个社会都会经历发展的阶段，它的存在直接反映了城市和乡村发展各种问题和矛盾的此消彼长。就我国而言，小城镇的发展问题有我们的特殊性，即便小城镇这一名词本身也是我国的特有词汇，也不表示我们不能从国际城乡发展历史中去定位我们的更新内容。

3.1.1 城乡双重属性下的小城镇建成环境分类

从小城镇的城乡属性出发，将小城镇的更新理论置于城乡动态发展的大环境变迁过程中。加入城市化历史发展的时间轴线，借助小城镇的城乡双重属性，将小城镇的发展阶段分成偏向城市属性和乡村属性两条轴线来进行分类。

1. 城乡动态发展下小城镇的分类

从中国小城镇的形成、发展及其结构、功能等因素综合分析，特别是根据小城镇与城市和乡村的产业功能的远近关系，可以将其分为三大基本类型：

（1）距离核心城市相对较远、城市功能无法辐射到区域性独立中心城镇，如地、县所在地城镇和农村集镇。其一般特点是：

① 长久（甚至自古）以来基本以农业为产业发展基础，以农业经济为其经济支柱，以辐射周围区域为主要服务对象；

② 社会结构比较均衡，社会功能比较齐全也相对传统，具有较大的综合性；

③ 宏观分布比较均匀，纵向联系比较紧密，有明显的等级性和隶属关系；

④ 发展资金主要来自内部的积累，发展过程具有稳定性。

（2）城市功能转移输出相对集中的功能性城市辐射型小城镇，如小城市或卫星城镇等。一般特点如下：

① 以大城市和特殊的自然资源或地理环境为主要依托，以非农产业为主要支柱；

② 非独立城镇功能，其骨干产业非常突出，社会结构不太均衡，社会功能不够齐全；

③ 宏观分布不平衡，辐射范围十分广泛，跨地域的横向联系比较发达，但与周围区域联系不太密切；

④ 建设初期主要依赖外部大量投入，发展速度和规模主要取决于国家的宏观布局，发展过程具有较大的跳跃性。

（3）专业性小城镇不依赖城乡地域限制，而是根据其自身产业发展起来的乡镇，即以专门化功能为主的小城镇，比如工矿镇、交通镇、旅游镇、军事镇等。

随着科学技术的进步和社会生产力的发展，区域性中心城镇将逐渐向专业化方向发展，功能性专业城镇将逐渐向综合性方向发展。

第一类小城镇具备部分小城市的积聚和产业功能，具有城市发展初期的雏形。可以参考城市发展初期的相关理论来分析建构其更新定义，但是必须结合其对附属周边乡村的联动考虑，充分考虑小城镇对周围的辐射效应。

第二类城市局部功能性转移，小城镇具备城市转移输出的部分功能。把产业功能转移和城市本身功能分区整体考虑成一个城市有机体进行考虑分析，有利于理解其发展机制和理论形成。特别要注意的是，功能主导的城乡转移，不能不顾本土文脉抗力（Cultural Resilience）的单向全面城市化进程，简单粗暴对待其本身存在的文化基因差异和自身文化认同感。功能的积聚或转移，并不代表对本土化的彻底抹杀和同化。

第三类小城镇模式的分析应该考虑长期动态变化。比如小城镇初期发展的支柱产业如何转换成城市发展雏形的相关动态研究，当然更重要的是能否随着产业持续发展而实现自我持续的更新，否则可能数年后，即便形成不可一世的巨大城市群，依然存在有断崖式消亡的可能性，如我们所知的底特律城市发展和汽车产业转移的案例。

不管是哪类小城镇建成环境更新模式，都离不开整体新型城镇化发展过程和城市与乡村之间的关系。这两条关键轴线也是我们建构小城镇更新的核心途径。本章借助国内外对城市和乡村研究的相对成熟理论，结合相关实际案例形成针对小城镇的理论框架和基础。

2. 城乡动态发展下小城镇建成环境

不是所有的小城镇建成环境更新问题都是特定城镇或城市所特有的，或者过去所倡导和尝试的解决方案并不适合现状。城镇化本身虽然各具复杂性，但是在历史发展下每个小城镇的城市属性所面临的挑战是相似的且有共性的，是可借鉴的。但是需要放在特定历史时期的特定经济发展条件下去截取动态发展过程中的静态节点，作为这一时期对经济社会要求和发展的特定对应性。

就城市发展和小城镇的城市属性研究而言，相比我国的理论研究，西方的"城市更新"可以说是更加具有持续性和稳定性的。现代意义上的城市更新起源于 16 世纪工业革命，不同时期城市更新对象、发展动力、政策与外部特征迥异。相比西方可以十几年没有大规模建设的状况，我国在城市化进程中具有积极动力，在历史尺度下，可以更透彻地看出城乡发展的问题。

在一定历史时期持续性看待城镇发展历程具有更全面的研究价值和借鉴意义。城市更新本身也是城市经典研究界永无止境的探索与实践。其具体分析无外乎城市在不断发展与扩展的过程中，旧有的城市肌理不可避免地随着时间的推移而逐渐出现物质形体的衰败；新的政治经济力量，新的舆论力量，新的价值体系，都在对城市旧区进行新的审视甚至新的定义。这种生长与衰败并行，存在于城市的演变过程中，而这种客观性存在的生长与衰败，用于分析我国目前小城镇客观出现的矛盾和问题具有可行性。

西方国家城市更新主要有三大阶段：工业革命到 20 世纪初，20 世纪初到第二次世界大战，以及第二次世界大战以后。而其中第二次世界大战以后，正是西方国家（主要指西欧和北美）现代城市更新实践出现的阶段，也是我们借鉴的重点。通过审视国内外城市化道路过程的发展历程，提炼出几个层面的关键词和核心概念作为小城镇更新的城市属性和维度的宏观原则。

在小城镇的建成环境可持续更新的实践中，我们就其城市的发展属性或者乡村的发展属性并基于城乡更新的案例共性，确定一系列的宏观原则和实践模型，并借鉴国外城乡发展过程中的重大且深刻的更新教训。

小城镇建成环境有我国特有的定义：

首先，从问题来源讲，小城镇本身是我国特有的城乡名词，小城镇问题的产生和我国多年来城乡二元对立的局面有着不可分割的关系。在国外的大量研究中，没有特定的名词表述这一特定城镇群体，但是在城乡发展动态中的各个时期，均有所体现。

其次，从更新的动力主体而言，本书所述的小城镇建成环境可持续更新是政府主导下的主动介入的输入式更新，是我国特有的更新类型。在西方社会很少有此类政府主动出资的大规模环境改造类项目，因此小城镇这一具有中国城乡发展特色的结合体，它的城市属性所反映的特征可以用城市发展相关理论来解析，但不能割裂中国小城镇的乡村本土属性，尤其是其发展过程中产生的问题，必须还原当时特殊历史时期的建设环境来看。

3.1.2　小城镇建成环境更新动力和演化机制

从物质和能量系统的角度来看，小城镇是自然生态系统与人文社会系统之间的耦合体，两个系统之间的交互作用由此产生，这导致了通过"多稳态"即社会生态系统代谢的有形或物质过程①，是根据城镇系统与自然世界之间的物质和能量交换来定义和表达的动态行为。小城镇的代谢过程由无形和有形两个主要维度组成，从社会生态系统的角度来看，这些相互作用体现在自然资源的开采、转化和利用以及废物产生有关的人类活动和过程的最基本形式下。小城镇建成环境可持续更新应该服务于小城镇这一耦合体，使之在各个维度达到可持续稳定的状态。

芝加哥大学的 Bourgess 在 1925 年首次使用"city metabolism"，将城市增长类比为新陈代谢和分解代谢的过程[71]。20 世纪 60 年代，Abel Wolman 首次对城市新陈代谢（urban metabolism）进行定义——"维持城市居民生活、工作所需的所有材料和商品"[71]。然而，第一个考虑人类群体的有机隐喻的思路其实起源于 17 世纪医学的进步，当时英国医生 William Harvey 的循环呼吸系统，以及 Thomas Willis 和 Albrecht von Haller 的神经系统的开发研究，都是将电脉冲和血液的互联与循环当作健康的基础和个体组织的发展。正因为这些新发现产生的健康范式的转变，导致了基于流动、健康、个性的机体和社会的新观点的兴起。

1. 作为有机体的小城镇建成环境及其新陈代谢的机制

"……（小城镇）中发生的技术和社会经济过程的总和，导致增长，生产能源和消除浪费"[72]，我们将小城镇建成环境的更新，放在城市更新的系统

---

① 有形维度不仅通过诸如水、食品、环境相关物质或固体废物等物质的流动，还通过包括电能在内的任何形式的能量流动而整合。

下思考，得到以下结论：

（1）从小城镇内部系统而言，将小城镇建成环境视为一个整体系统考虑，进而当作有机的生命体来认识理解它的动态变化。能量流动、资源消长的自然和人为的影响效果，在一段特定时间内整体系统将持续地发展。

（2）在小城镇的建成环境更新中引入时间轴线元素，小城镇的建筑、景观和基础设施是有生命且为动态变化发展的。所谓新陈代谢式小城镇，就是过去、现在和未来三者共生共长的体系[73]。

（3）辩证的思考分析：通常我们把 1960 年作为"城市新陈代谢运动"的开始。作为一个领域的"城市新陈代谢"经历了近一个世纪的发展，它的贡献和价值才被认可与广泛应用。我们需要在此基础上丰富框架的层级和细分对应的实施领域。

2. 更新动力的内核

简而言之是城乡规划者将医学界的新发现——新陈代谢纳入 18 世纪城乡的设计中，将城市看成"一个健康的身体，有着自由流动和清洁的皮肤"[74]（这种建筑师之间的比喻产物是基于城市-人体隐喻的语言，其中"静脉"和"动脉"等术语被用于表示单向道路，其他如"城市心脏"的表达是用来区分城市的功能中心的），从此也产生了城市更新动力的新思路。从城市与人体的比较中得出的隐喻不仅仅是城市系统的空间结构与人体解剖学之间的类比，还逐渐涉及城市的功能和结构要素。第一个延伸这种隐喻的类比性质的人是苏格兰哲学家、经济学家亚当·斯密，他认为，就经济的"健康状况"而言，"货物和货币的流动远比固定资产更有利可图"[74]。

我们将城市比喻成成年男子的机体功能的话，小城镇可以是城市机能相对比较弱小、尚未健全的幼年城市。小城镇的"静脉"是富含二氧化碳和废弃代谢物质的，而"动脉"则是富含氧气和营养物质的能量流。两者都代表能量和物质的流动，途径幼小的"静脉"和"动脉"的小城镇这一个"中端分支"，由城市的主动脉流出来，途径小城镇流向乡村的系统末端，或反向流动。相比城市的大动脉和主动脉而言，中端分支的小城镇承担了更多的流动性，也对流速和增量更加敏感。小城镇的作用在新陈代谢理论之下，能很好地在城市-小城镇-乡村三者间契合表示。

吴良镛教授在其《北京旧城与菊儿胡同》中总结道："所谓'有机更新'，即采用适当规模、合适尺度，依据改造的内容与要求，妥善处理目前与将来的关系而不断提高规划设计质量，使每一片的发展达到相对的完整性，这样集无数相对完整性之和，即能促进北京旧城的整体环境得到改善，达到有机更新的目的。"

"有机"一词从字面上看就是有生命，有生机。百度百科上解释："有机原指与生物体有关的或从生物体来的（化合物）。"将"有机"概念引申用于城市，则可以表示城市是有生命活力的，是与自然相结合的，是把城市当作一个"活"的有机体来对待的以人为本的思想的体现。"有机更新"在城市更新的基础上强调"有机"，可以从以下几方面来理解：

（1）生物体的有机性：如同生物体新陈代谢，构成城市的细胞（居住建筑），城市组织（街区、社区）在不断更新。新的城市细胞仍顺应原有的城市肌理。

（2）城市系统的有机性：城市作为一个社会生态大系统，一个有机整体，各部分相互关联和谐共生，形成系统的秩序和活力。

（3）更新过程的有机性[75]："生物体的新陈代谢（是以细胞为单位进行的一种逐渐的、连续的、自然的变化）遵从其内在的秩序和规律，城市的更新亦当如此。"

新陈代谢概念的出现加强了有机的城市-人体隐喻，在原先只代表城市空间结构与生物如何运作之间的类比的基础上给出了一个同构特征。在 Theodor Schwann 创造"新陈代谢"之后几十年，Karl Marx 首次在提到经济系统与自然界之间的流动时提出了社会新陈代谢。他的社会新陈代谢是通过商品的使用价值和交换价值之间的差异来调节的，即生态与经济交流的区别。马克思主义经济理论与自然过程之间的联系将成为 Karl Marx "资本论"的一部分[76]。

经过近一个世纪的发展，1965 年社会新陈代谢以城市新陈代谢的名义重新现于人世。该研究是将生态学原理应用于城市研究，根据人均生产和消费信息，在一个假设有 100 万居民的美国城市开展，最终确定了这些因素如何影响美国城市特有的大量垃圾[77]。Wolman 关于城市新陈代谢的文章阐述了城市新陈代谢的复杂性以及分析城市及其与生态系统相互作用的可能性。伴随这种最初的冲动，20 世纪 70 年代开展了关于城市新陈代谢的 3 个实际案例研究：东京（1976）、布鲁塞尔（1977）和中国香港（1978）。这些研究由来自化学工程、生态学和土木工程等各个研究领域的专业人员共同合作进行，凸显了这类研究的跨学科性质。随后城市新陈代谢研究明显增加，计算技术的普及使得能够以更高的精度和复杂性管理更大量的数据和模型。2001 年，对中国香港（1978）的研究进行的更新，从根本上显示了计算技术对城市新陈代谢研究的支持作用，它对一个从制造业经济转变为服务业经济的城市的新陈代谢进行比较分析。生态足迹法也从此作为物质流分析法之一在国内开始流行。

国内学者在城市更新的理解上，产生了新的概念，吴晨[78]提出的"城市复兴"有其背景与理论基础。他在《城市复兴的理论探索》中提到，所谓城市复兴，其实还是对 Urban Regeneration 的一种译法。因为国内并未对该词明确统一译法。在一些文章中译为"城市更新"，当然也有不少文章译为"城市再生"。吴晨认为这样的译法不能与西方城市规划理论的各种思潮名称区分开来，无法体现全新理论思潮的意义。根据在英国的多年经历，他发现在英国政府的文件中经常将"Urban Regeneration"和"Urban Renaissance"两词互换使用。"Renaissance"作为"文艺复兴"的专有名词有其固定含义，不适合更改，故吴晨将 Urban Regeneration 一词译为"城市复兴"，以期表达人们对美好城市理想的追求。

不管是"城市再生"还是"城市复兴"，都是城市更新去物质化的趋势，都是在涵盖物质更新的基础上复兴社会、经济、文化等非物质层面。

3. 更新动力的外延

城市新陈代谢运动、城市复兴都是在试图打破城镇设计的基本方式，采用自然界的设计原理对作为有机体的城镇进行设计、更新。

彼得·史密斯[79]提出，同源设计（homologous design）可以作为第一个通用原理。因为在生物科学中，自然界的无限多样性可以通过历史而追溯到基本原型，而这些基本原型包含了未来发展的全部规则。他在文中用曼陀罗的象征来概括城市的基本功能，并且这种符号支配了文艺复兴的城镇设计。体现在原型曼陀罗中的 4 个古代城市设计原则，即组合成为一个大的事物系统；社会凝聚；所有对立面的统一，超越多样性的统一；优雅，正好提供了城市的基本同源性。

王建国通过城市网络来理解城市形态的规划和组织[80]，他提出了遵循自然条件的自下而上的城市同源理论。

城镇永远都处于突变中，而这种突变作为整体的城镇而言既可能有利也可能有害。这种突变如果说是发展，紧紧地与现存的城市子系统安排相联系，那么城镇整体的子系统内凝聚在一起的动力就能应对发展压力。许多历史城镇都是按照因地制宜的原则，在应对"适应性压力"下发展自己。自然界发展起来的系统和子系统都能应对外界压力和适应变化，甚至应对人为造成的灾难性变化。所以我们应该利用这种同源理论，归纳整理出小城镇复杂的城乡问题的根源和共性特征，用来改造和更新我们的建成环境。

4. 城镇系统的再生

早期欧美国家的城镇内部改造政策偏重于物质环境的改造、更新，而忽视了物质空间背后的经济和社会运作机理。所以内城政策即便改善了内城面貌，却仍然无法解决贫穷和社会矛盾的问题，甚至一些清除活动扼杀了原有的经济活力。于是欧美各国开始将以物质更新为重点的"城市更新"转向以社会和经济视角来解决城市贫困问题和制定相关城市政策。从政府主导的具有福利主义色彩的内城更新，向市场主导，以公、私、社区三方伙伴关系为导向的多目标综合性城市更新转变。可持续发展理念逐渐深入人心，成为城市再生的动力和目标。随着人们对城市问题复杂性的认识，城市更新更多地从社会、经济、环境等多元系统入手。

城乡更新与再生都是随内城复兴政策而产生的概念[81]，一度在规划界，更新与再生频繁交替出现，但两者并不能同等地表达同一个问题。

从字面上看，更新重点在"更"，是更替、更换。在城市建设中所提到的"旧城更新"指的是，对城市建成环境尤其是指物质环境进行必要的调整。根据更替程度的不同，可以有以下几种：剔除现有环境中的某些部分，用新的内容替代，也就是所谓的改造、改建；对现有环境的某些部分进行调整或相对较小的改动，也就是整治；尽可能地保护现有的形式，进行维护性的更替，也就是保护[82]。而再生则源于生物学，是病理学词汇，指的是组织或器官受损后，在原来的基础上重新生长的修复过程，没有更替、代替的含义。故而旧城再生指的是解决经济、社会、物质和环境可持续发展的整体方案。故城市更新更侧重于解决城市物质环境的老化、衰退、改造、保护和发展。城市再生虽然也包含物质环境的发展，但更多的是城市经济功能和社会机能的再生。此外，城市更新是"自上而下"的，而城市再生是"自上而下"和"自下而上"相结合共同推动的[83]。

从第二次世界大战以来的城市更新运动来看，城市演变出现了六大问题：物质条件与社会反应间的关系，城市结构元素物质取代的持续性需求，经济卓越作为城市繁荣和生活质量基础的重要性，尽可能充分利用城市土地以避免不必要的扩张，城市政策作为占主导地位的社会习俗和政治力量，以及可持续发展。Roberts 将"城市再生"[84]定义为"用一种全面和综合的愿景和行动来解决各种城市问题，并力求持久改善一个处于变化中的地区的经济、物质、社会和环境状况"。这个定义突出城市再生的整体性，可以看到虽然技术能力、经济机会和社会意识的变化是决定城市进步的速度和规模的重要因素，但其他一些问题对城市的形式和运作产生了重大影响。综合而言，城镇系统的再生是物质、社会、经济、自然与文化等因素相互作用的结果。

更新与再生无论是字面理解还是目标内容又或者是理论基础，都存在着根本的不同，在再生视野下重新审视小城镇更新发展，才能更透彻地解析我国小城镇更新的理论与相关政策的制定。

我国早在 20 世纪 80 年代就开始了城市更新的相关研究，并且 80 年代的中国城市正处于迅速发展的时期。大量城市更新与重建工作后，人们逐渐看到了快速建设的一些弊病。进入2000年后，学者们开始注重城镇建设的综合性和整体性，不少学者对更新提出了新的理解、新的概念，例如张平宇的"城市再生"、吴晨的"城市复兴"。这些都体现了当时人们对中国"城市更新"的关注，有利于我们对中国城市更新变革提出更科学的理论、更有效的策略。

事实上，我国经历过20世纪80年代的大规模建设以后，围绕物质环境衰败的城市更新获得了巨大的收获。绝大多数旧城发生了翻天覆地的变化，旧城物质更新已经初步完成。但也开始暴露其中的一些社会问题，包括学术界曾经提出的，我国的城市更新走在了衰败之前[85]。随着市场经济体系的建立，我国城市的社会结构也发生重大转型，旧城还出现了老龄化、贫困化的状况，原本充满活力的状况也开始变得经济功能缺失、活力不足[86]。这些都不是单纯的物质环境改善就能解决的，这就要求我们从城镇的物理环境更新走向城镇核心再生。在近年的乡村建设活动中，国内的实践多注意本土文化、本土资源的保留，明显有别于城市更新建设的简单粗暴，所以小城镇的可持续更新必然包含系统再生的动力。

5. 小城镇系统更新演化机制

（1）持久变化的小城镇建成环境内外体系维度：小城镇的内部物质空间系统和外部生产力变化之间不平衡的差异化所产生的动态变化性。

西方工业革命至20世纪初的更新是缺乏核心控制的历程，该时期主要针对城市内部物质空间结构本身对工业化急剧发展需求的矛盾。这样的更新更注重城市形体的更新改造，大规模的推翻、拆除则目标单一、内容狭窄[87]。小城镇物质空间系统需要更新改造，即外部经济发展的需求不平衡条件下产生的更新需求，其核心是可持续。

从更深层次考虑，更新的本质是生产方式的转变带动了各个城乡空间层级到建筑形式和材料的一系列根本变化。这种更新是被动式更新，明显缺乏理论支持和技术指导。由于客观上缺乏现代科学的规划渗透，改造和更新的过程相对粗浅而直接，但是实际反映出了生产关系剧烈变化和城乡形态演变之间的动力关系。值得关注的是，生产力推动小城镇形态转变模式，如果任其自由发展，并不具备充分的科学性，尤其是其生态环境可持续性的缺失，为此人们付出了惨重的认知代价。例如农村淘宝电商的兴起，就是小城镇建成环境商业业态直观表现的一个展现。

（2）小城镇"城、镇、村"三级互联思维模式：分别是"城市-小城镇-乡村"的小城镇研究框架，小城镇的发展必须置于城市-乡村统筹动态发展的系统体系之下。

城乡统筹发展的口号我们早就耳熟能详，如果说城市是现代工业文明积聚发展的产物，那么广袤的乡村则是供应这个产物的能量源头，小城镇一头连接着城市一头连接着乡村，无法割裂考虑分析。城与村的互联开始于Ebenezer Howard 的"田园城市"理论，这也是被认为目前最为适应发展中国家城市化发展的借鉴。其主要思想是"有计划地发展具有足够就业岗位和相应城市设施的新城，并使它有足够大的规模，以便于形成独立的城市生活……其根本目的是想通过建立新的、长期限制人口规模的'乡村'式城市来限制城市化的不断扩大"。[88]核心问题是，为了让城市乡村不沦为乌托邦式的美好愿景，必须赋予乡村式小城镇足够的吸引力和便捷性。

城、乡在产业结构、自然环境、人口积聚等方面相差巨大，小城镇这一城乡界面的中间地带，恰好可以作为城乡问题解决方案的客观空间主体。单一考虑城市问题的思路方法被摒弃后，借鉴田园城市的美好愿景，从"城市-乡村"角度来建立城市架构，试图解决城市问题，跳出了当时就城市讨论城市的局限。这一关于城乡的结构形态关系，与国内小城镇也有异曲同工之处。从"城市-小城镇-乡村"的角度来建构小城镇的更新框架，以田园城市的实践为指导，把动态平衡和有机平衡这两种重要的生物标准引用到小城镇中来，建立了小城镇内部各种各样的功能平衡[88]。小城镇各项功能的平衡正是其更新的目标。在生态角度和整体更新策略之下，系统化考虑小城镇问题，城乡之间可以统筹考虑，城和城、乡镇和乡镇之间也可以集群化抱团发展，或者互补发展。

（3）普遍性的宏观挑战——全球化大环境的共性变迁：小城镇的发展是城市主导的城区空间急剧扩张和人口的过度集聚导致的客观现实压力的相应对策。

大部分小城镇的人口外迁和产业的退化，是一个共性的问题和挑战。就浙江省偏远地区小城镇而言，小城镇下一代子女从小去大城市读书是普遍现象，候鸟式的家庭普遍年轻化起来。小城镇的老龄化已经较为严重，撤乡并镇依然无法满足部分小城镇最基本的人口功能。最普遍的例子是庆元县贤良镇 2018 年小学 7 个老师面对 7 个学生的现象，当地戏称为人均一个老师的最贵族学校的怪相。这样的小城镇如何吸引人们的再次回归，将城市的候鸟们再一次回流到乡镇，真的不是一个简单的课题。不敢断言小城镇环境整治可以立竿见影，但是一定是在这个方向上任重而道远。

这些案例不是个例，20 世纪初大城市的恶性膨胀，带来交通困难和环境恶化，致使城乡对立加剧，城市也比较突出地表现出功能性和结构性衰退现象。因此，有机疏散理论应运而生。该理论并不是具体的技术性指导方案，而是对城乡发展的哲学思考，是在吸取同时代规划理论和实践的基础上提出的对城乡布局进行调整的思考。使城乡逐步恢复合理的秩序，并不需要新建独立于中心城市的卫星城来解决大城市的危机，建立与中心城市有密切关系的半独立城镇来定向发展即可，靠近大城市发展起来的小城镇正是有机疏散的产物。与"田园城市"相比，"有机疏散"具有明显的可操作性。在此理论指引之下，如何在县域范围内科学定位小城镇的群体抱团发展？将小城镇更新的重点转向区域化，从区域-片区-节点的系列更新角度来系统化完善城乡结构，调整结构功能，注重系统化、整体化的研究，细分片区和节点的更新策略等方法，适度疏散城市功能，对小城镇进行更新不失为一种合理的办法。

（4）小城镇建成环境更新目标在城乡功能定位细分之下的发展模式及尺度规模的对应关系。

在不同发展模式和功能定位之下，可以有多种小城镇尺度和发展模式，不必求统一或者一致。因人口和产业规模的根本因素，其自身独立单元的可能性不大，但是有一些和城市发展比较接近的乡镇或者街道可以结合城市发展一起考虑，作为其邻里组团出现的可能性比较大。比如20世纪20年代美国对城市更新改造的布局、组织方式进行了新的探索，"邻里单位"随即出现。"邻里单位"的设想对正在膨胀发展的城市提供了一种新的建设方法，即通过建设新的、综合型的、能够基本独立的城市单元来扩大城市，而不是在城市边缘地区随意扩建。除了功能性疏导大城市的功能之外，小城镇还是需要强调自己的产业特点和文化特质，不然被盲目城市化的后果只能是千城一面。

小城镇就是要有自身特点，无论和城市关系比较紧密还是疏远，人口积聚是多还是少，其文化特征和生态性必须保持自我发展的内在持续性逻辑。当作城市基本单元的培育，是一个很好的思路，类似于我们特色小镇的做法，以产业为核心的主导，积极拓展产业积聚能力，强化小城镇活力。

新陈代谢作为一个理论和概念，代表了一个整合的小城镇建成环境更新的系统平台，用于城乡各个尺度和维度下的动态分析，作为可持续发展的概念和实践中的社会生态系统，支持小城镇建成环境可持续的更新过程。

3.1.3 小城镇乡村属性的更新渐进

我国传统意义上的农业社会历史时期久远，大部分独立型小城镇都是以农业社会为基础的发展结果。毋庸置疑，乡村属性的小城镇理论研究对小城镇更新策略的研究有着不可替代的作用。

从城乡本源和形成机制上来看，一些小城镇借助城市功能疏解，原来在郊区形成的，有的则是乡村集镇所在地通过不断发展扩张形成的。但是从根本来说，都是乡村向城市发展的城市化进程下产生的。研究小城镇离不开乡村这个根本物质和能量的提供方，割裂城乡关系看小城镇发展无法全面理解其城乡属性。

1. 乡村视角下的系统更新代谢过程

根据吴良镛先生与道萨蒂亚斯对人居环境的定义，可以认为乡村人居环境是集镇和村庄中人类居住和活动所需要的物质和非物质空间的有机结合体。乡村居民点的建筑环境和周边的自然环境，以及由人、建筑环境和自然环境叠加在一起而产生的人文环境的总和即为乡村人居环境。构成农村人居环境的要素包括：住宅、基础设施和公共服务设施所构成的建筑环境；以自然方式存在和变化着的山川、河流、湖泊、湿地、海洋和除人之外的生物圈构成的自然环境；由乡村居民历史活动所创造并反映在建筑环境和自然环境之上的生产方式、生活方式、思维方式和文化特征的人文环境[89]。

毛桂龙[90]认为，村庄有机更新就是在尊重现存的传统文化与民俗风情、传承村庄业已形成的空间肌理和发展格局、满足社会经济发展需要等原则基础上，对村庄这一有机整体进行循序渐进式的更新、整治与改造。村庄更新的规划原则上应考虑合理撤并有序发展、坚持继承传统与现存农居文化以及优化居住社区的人文景观环境相结合、遵循建设与保护并举，并因地制宜。

王竹教授[91]认为，吴良镛先生与叶齐茂先生对人居环境的解析是基于物质类别的分类法，不能适应建筑学领域的需求。所以他提出将乡村人居环境概括成两部分属性内容——秩序与功能，前者是村落中各种物质实体组成的秩序表达，后者是乡村生活的功能状态。从整体到局部分析秩序与功能，秩序是建筑学的核心，可分为格局、肌理、形制与形式，而功能则可以分为面域与点域。传统乡村人居环境的核心正是有机秩序——"在局部需求和整体需求达到完美平衡时所获得的秩序"。故传统乡村人居环境有机秩序必然带有四个特征：遵循自然、缓慢生长、新陈代谢与相似相续。自然村落长期的生长和发展也是有着新陈代谢的，宏观整体的格局、肌理，微观单元的形制、形式，其变化总是缓慢而连续、有规律可循的，一般不会出现城市建设更新中多发的整体文脉断裂现象。

当前农村人居环境的研究和开发呈现出六大趋势：①应用现代信息技术监控和评价农村人居环境；②应用现代建筑、规划技术和工艺手段实现人与自然的协调和可持续发展；③应用现代能源和材料技术降低资源和能源的消耗，减少人类生产和生活对自然生态环境的干扰；④应用现代生物技术修复包括土地、水、植被和野生生物在内的整个生态环境，恢复地方自然物种的多样性；⑤返回对环境传统的整体思维模式，在乡村更新建设中维持自然生态过程的完整性和持续性；⑥尊重历史文化，保护农村人居环境的传统风貌[89]。

小城镇保留的乡村本源属性要求其更新策略的理论基础必然包含现下对乡村人居环境更新的理论。故乡村人居环境的研究、建成资产的研究同样适用小城镇建成环境，甚至是必然需要囊括在内的。

2. 自发性本土营造和建构的更新

小城镇的现有建筑中，有很大部分具有比较高的历史保护和再生价值。我们常说的保留当地历史文脉，从建成环境本身而言，没有什么比历史建筑更能说明当地的历史文脉特征。更难能可贵的是，当地建筑手工艺所流传下来的瑰宝，在现代建筑技术的融合下，展现新的生命力。

新农村建设使得我国乡村环境改善了不少，美丽乡村日益深入人心。麦浪滚滚、小桥流水、鸡鸣而起日落归家的田园牧歌景象在不断吸引城市压力重重的人们。但我们也应清醒地认识到，目前农业基础还比较薄弱，城乡差距依然存在，甚至在扩大。在城镇化的洪流中，在造城运动、商业资本的袭击下，传统村落不断消失、区域特色文化衰落。美丽乡愁与乡土危机并存，都关系着乡村的发展，安顿乡愁，必须留住乡村文化遗产。乡村文化存于乡村聚落，有农民、有农业，有完整的乡村生活，是包含了自然、文化和社会的一种空间整体。

谭刚毅[92]在其研究中指出，乡村遗产也是经历了从认识到保护理念不断完善的过程。由于文化的同质化和全球社会经济转型，世界各地的本土结构极易受到影响，面临着过时、内部均衡和整合等严重问题。因此，在"威尼斯宪章"的基础上，1999 年国际古迹遗址理事会（ICOMOS）通过的 *Charter on the Built Vernacular Heritage*（乡土建成遗产宪章），建立了管理和保护乡土建成遗产的原则。对于该宪章的翻译，也存在认识上的差距，国内大多会翻译成《乡土建筑遗产宪章》，但建成环境是包含实体和非实体两部分的，所以单纯地翻译为建筑并不能包含意识、世界观和文化图腾等精神层次的意义。张松在其文章[93]中也提到，"vernacular architecture"并不一定指乡土建筑，也包含具有地域特色的本土建筑、社区建筑，或大量没有建筑师设计的建筑。由于乡土（本土）建筑遗产具有整体建构特点，将其称为乡土（本土）建成遗产更有利于关注其环境特性。

"乡土建筑"常与 vernacular architecture 互译。要理解乡土，还应该回到词源本身。拉丁语 vernaculus 在古典拉丁语中被比喻用作"国家（领地）"和"家"，最初来自 vernus 和 verna，指的是奴隶出生在国家（领地）的家中而不是国外[94]。从词源的角度理解"乡土建筑"，就是长期生活在某地的人为满足生活、生产需要而建造的建筑物。乡土建筑的形态离不开它所存在的社会环境，是在一定社会时期按照某种原则建设的。作为建成环境，既是物质实体，也是社会意志的投射，将空间形态的分析赋予社会、地理乃至经济等意义上的属性。

乡土建成遗产虽然是人类创造的，但它同样也是时间的产物，是从个体行为变成集体无意识行为并产生的综合结果，是文化的。"乡土"的特征在《乡土特征建成遗产宪章》[95]中是这样界定的：一种集体共享的建筑方式；一个响应环境的可识别的本地或区域特征；风格、形式和外观的一致性，或传统建筑类型使用的一致；非正式传播的传统的设计和建造工艺；对功能、社会和环境限制的有效回应；传统建筑系统和工艺的有效应用。从"乡土"的特征来看，这表述的不仅仅是建筑，是将物理空间范围扩大，包含社会空间形成的，故"乡土建成"遗产比"乡土建筑"遗产更为妥帖。

我国乡村作为社会的基本单元，保持着极其丰富的历史记忆、地域文脉。大量文化遗产存在于乡村地区，而民族的各异、地区的广博带来的乡土文化的多样性决定了乡土建成遗产的多样性，且此多样性必然表现在时间与空间维度上。我国城乡结构一直不同于西方，我们所经历的变化在西方并不存在。

乡村建成遗产的保护是对记载真实历史信息的物质实体和非物质实体遗存的保护。乡村建成遗产保护策略原则应是真实、整体与多样性并举。当然现实状况并不乐观，很多时候乡村遗产保护只重视价值高的历史遗存，却忽略那些基础性的乡土氛围；更重视有形的实物遗存，忽视非物质形态的习俗与文化；那些"非农"遗产被无情地整治掉；仿古式的乡土风貌泛滥。对于不同的物质环境，更新的策略也是不一样的，标志性文物建筑应被一模一样地保护并留传；而非遗产的历史建筑应该融入现代新技术，注入内生逻辑，有选择地更新。如何让传统物质与非物质形态在失去其存在的基础的情况下传承，才是乡土建成遗产策略的真正难点所在。

我国历史文物保护的开拓者可以说是梁思成先生，他关于古城保护、古迹保护的思想已相当完整。小城镇是城与乡发展的过渡阶段，它包含的历史建筑必然是不断经受物理变化的，对小城镇建成遗产的保护是符合小城镇可持续发展的要求，也是对建成环境进行更新建设的必然手段。

近年来，关于建成遗产的研究也在国内不断发展。常青院士[96]在其研究中对现在的建成遗产保护与传承的相互关联进行了澄清。他认为，建成遗产的前提，首先是对具有价值承载的本体的"保存"；其次是作为技术支撑的"修复"；然后是"再生"，或者说是"再利用"。这三种核心的概念清晰地表达了：我们并不是固守陈旧的有限的价值，而是不断衍生、创造新的价值，我们保持的是建造能力。

由于概念偏差与认知误区的存在，建成遗产及其属性、价值存在着容易混淆的概念。最显而易见的就是建成遗产与建筑遗产：建成遗产是建筑、景观等的综合比建筑遗产的涵盖面要大。保护与保存的区别：保护是依照法规和措施，严格把控历史空间的变化与遭遇的风险；保存是历史本体的存真，它是被包含于保护之中的。再生与复制的区别：复制只是历史信息的仿制，没有遗产价值，所以建成遗产需要有价值的再生。

故而建成遗产的价值不是简单的保护，更重要的是向外发展。历史保护这一现代的概念是要借助技术手段解决保护问题，又要历史文化向社会施加影响[97]。历史环境要适应当下的生活，与社会发展并行，需要在保留历史信息本体的同时，再生新的价值。小城镇乡村属性的更新理论实际上是对乡土建成遗产的学习和传承的策略。

3.2 建成环境可持续更新的新型建设模式

任何建成环境的核心挑战都不是简单地应对时间的复杂性和可变性。单个住宅楼可能由 200 种不同的材料组成，其中许多与专业生产商、安装人员以及维修和管理技术人员相关。如果新理论有助于预测决策对建成环境性能的影响，那么它是一个具有大量设计、构造、操作、维护和处理过程的系统，即将材料流与不同行为者在不同时刻和地点的决策联系起来，该系统是文化与建成环境之间的接口。利用参数化的技术手段，将更新建设的过程涉及的元素容纳于一个系统中进行演化与决策，这便是新型建设模式在建成环境这一社会生态系统中能把控的物质流信息。

现代化的小城镇建成环境可持续更新急需新型的建设模式的出现，然而此前建筑工程总承包多为施工总承包，甚至土建总承包，与工程总承包差距甚远。与设计院相比，建筑施工企业在项目施工管理上的能力比较强，但是项目总体的策划和管理能力、技术能力还很薄弱。

我国工程总承包源于 20 世纪 80 年代的"鲁布革"试验，当时只是尝试推行一种"设计为龙头、施工为主体"的施工总承包管理。工程总承包在中国经过 20 多年的发展，国内的企业逐步接受了这种先进的工程项目实施方式。从只有化工、石化行业几个部属大型设计院实行工程公司体制，到近几年电力、冶金、建材等行业都在创建国际性工程公司。建设领域也开始积极推行工程总承包，并不断完善相关的法规和技术标准，包括《建筑法》的修改完善、工程总承包合同范本、招投标等相关法规都已出台，工程总承包早已从规范化时期不断向急速发展期进军。

除特色小镇外的大部分乡镇并没有足够的融资能力，在县、市、区政府的融资平台统一推行下，一般会以几个乡镇一起打包建设的方式进行更新建设。目前浙江省内根据各个县、市、区的实际财政收入和产业发展总体状况的不同，普遍选择两种建设模式：EPC + 投资模式和 PPP 模式。特别是在浙江省小城镇环境综合整治的强力推动下，政府主导资金在国企平台的助推下，为地方实现小城镇建成环境更新创造了空前有利的条件。

3.2.1 新型建成环境更新模式的出现

浙江省小城镇建成环境更新工程量大、技术难度大，无形中促使更新建设方式的革新，强化了设计和施工的结合互动。更新项目客观要求整体的全面设计持续参与和指导，而政府和业主方并不可能全面、专业地渗透到工程管理的细节中。所以小城镇更新建设项目需要进行全过程设计跟踪，特别是串联规划设计和建设施工的全过程信息流。

在小城镇建成环境更新的持续推进过程下，设计可以将对乡土文脉细节的研究渗透到施工细节中，真正意义上实现设计对施工和建成效果的直接影响。

更新的主体乡镇必须从规划开始就对小城镇历史文脉和产业结构系统性分析挖掘，更重要的是本土工艺技艺和空间特色的开发等内容。对每一个乡镇而言，都是特立独行的文化个性体。小城镇建成环境更新建设过程中以乡镇本身为主体的，自主乡土设计智慧逐渐浮出水面，客观上也强化了本土构建需要本土群众充分发挥其主观能动性。

浙江省内小城镇环境综合整治核心目标是对未来小城镇发展目标和产业集聚的核心区域做更深层次的环境可持续更新与优化，其过程反映了各个地区小城镇建成环境发展的相关特征和不平衡性。例如，以杭嘉湖地区为代表的浙北水乡平原地区普遍在新农村建设上有相对成熟的经验，已具备相对良好的更新建设系统性经验，尤其是在建筑风貌控制和新型旅游的业态发展上。

从多个方面来说，以杭州市、湖州市和嘉善市为代表的浙北平原地区都走在了浙江省前列，比如以县域范围为基础的小城镇民居整体风貌控制体系，正是为德清县编撰的专项《德清县村居风貌控制研究》。该研究中把所有的农民新建房按照德清县山水人文的大体类型划分为山地-水乡-平原三类地貌特征，并且对各自的文脉特质和传统建设工艺进行专门梳理。尤其是在平衡现代建造工艺和建造成本的基础上，特别重视自发建设的挖掘鼓励和范本化。在其他浙北地区的建成环境更新建设中，大云镇充分整合了土地资源要素，通过搬迁整合资源，激活产业入驻，特别是承接了大量来自上海的产业园转移系列项目，比如中德产业园等项目。整个小城镇建成环境更新围绕产业展开，体现了以水乡为主题的系列景观特质，没有单纯追求产业化和城市功能转移的承接。

浙东沿海地区小城镇更新相对较为复杂，小城镇产业特色鲜明且产业化程度高、外向度高，改革开放比较早，其正在经历产业转移和提质增效的阵痛期。该地区社会人员构成以外来务工人员居多，城市化进度高，但是其小城镇环境效果一直不乐观。此地区土地较少，农业特征相对不够明显，本土地域特色的发掘相对薄弱，建筑多为改革开放后建设，部分欧式或者现代式样建筑杂乱无章、本土特色不足。在这次小城镇环境综合整治开展的初期，宁波台州、温州地区的城镇度高的小城镇集群一直难以找到合适的推行方案。

浙中地区小城镇发展势头很好，城镇化与本土文化和谐发展。但是在义乌新社区的集聚效应比较突出，很大一部分被城市化过度集聚了，这造成了小城镇和乡村大合并成城市的新社区。义乌市的集聚区，大量自然形态发展而来的村镇被"下山脱贫"，产业被集聚到集聚区，住宅被集聚成大都市的城市楼盘。剩下的部分小城镇产业程度也很高，面临城市化整合的可能性较高。在对集聚区安置的居民进行行为模式特征的调研中，不可避免地产生两大方面的问题：

一是对传统人居环境居住空间上的巨大冲击和缺失。从传统乡居文化特质的生活模式剥离到新城市社区的日常生活行为模式的转变，政府政策推行的力度与居住人群快速城镇化过程中的适应能力在很大程度上无法实现匹配，这导致城市新社区在空间秩序上城镇化的成功和居民个体行为模式的市民化不适应之间产生巨大的鸿沟。

二是基于新兴产业导向为基础的产业和工业集聚，使居民们产生工作场所和工作性质上相对之前传统工艺方法和流程的差异性。在实践中不断找寻解决方案，新昌县小城镇综合整治项目就利用小城镇地域特色的丰富性，把握航空产业的发展和互动，打造了航空小镇的品牌，在文旅产业的策动下，相对成功地完成了整体整治工作。

由于交通不便和产业经济发展相对滞后等，浙西南山区的小城镇建成环境的历史文脉保存得相对完好。近些年来全域旅游等绿色生态经济发展模式，为浙西南山区的小城镇发展提供了更多的发展机会和模式。比如温州的文成县和泰顺县，在交通不便和产业相对落后的困境中，普遍采用 EPC 工程模式来实施推进小城镇建成环境更新。以生态农业为基础，其良好的地域风格和特点、优异的自然风光，为产业发展和环境可持续和谐共生创造有利条件。在浙南地区实现小城镇更新的持续发展，并不是昙花一现的短暂投入，而是以较小的投入持续更新。资金来源主要是财政拨款和部分乡贤的捐助，并没有过分依赖资金平台的运作。

山区的自然地理条件也加大了建设的难度，致使更新过程要循序渐进而不能一蹴而就、一步到位。本书选择的浙江西南山区小城镇的两个代表县市分别是衢州市的开化县和丽水市的庆元县，两个县市均为偏远山区，文化的保护和传承相对完整，且面临着绿色产业发展的好时机，具有可持续运行的实践可能。其中开化县中四个乡镇采用 EPC + 投资的模式，庆元县中两个乡镇采用 EPC 模式。

3.2.2　建成环境主动性更新方式特点

浙江省小城镇环境综合整治行动属于小城镇建成环境更新范畴，具有地域范围广、更新内容复杂和涉及领域宽泛等特点。就其更新机制而言，这是一种群众自发需求下，由政府主导的主动性更新，主要体现出以下两方面的特征：第一，小城镇更新具有公益性和均好性的特点，具体体现在其更新项目的资金投入基本上是以国家财政资金补助为主。更新项目服务以当地小城镇建成环境更新需要和上级统一实施标准为指导。第二，项目实施管理主体为各级地方政府的住建部门，每一个具体乡镇的详细更新项目的推进均由地方政府牵头展开实施。

小城镇建成环境主动更新的根本出发点是由于小城镇自身发展长期缺乏管理导致环境恶化，进而引起政府的主动干预行为。深入分析目前浙江省小城镇的客观发展阶段和深层次城乡关系，触动核心产业关系和城镇人居环境的提升，是整个更新理论和策略最根本的目标和思路。

3.2.3　新型建设模式在小城镇建成环境更新中的探索

小城镇建成环境更新建设内容繁杂，当传统施工方无法应对图纸无法解决的细节问题和不断调整的客观需求时，以设计为主导的新型建设模式的应用，对多尺度小城镇更新策略的实施、对设计和施工两方分离的现状都产生了积极的意义。

以设计主导工程总承包模式的实践对小城镇建成环境可持续更新研究也提供了广度和深度上的双重可能性。广度上理解，广泛的 PPP 和 EPC 模式之下，地方政府迫于融资压力和管理人员匮乏等问题，往往倾向于整体项目打包即由设计主导到施工实施甚至部分运营项目，实现了全设计施工产业链在数个甚至数十个小城镇上联合实施的可能性。比如新昌小城镇 17 个乡镇的综合整治项目的打包实施、开化县 4 个主要乡镇的打包联合实施等。深度上理解，设计端的掌控不仅停留在规划设计的层面。项目的复杂性和持续性要求政府、业主和施工方都依赖设计方的深入设计和持续服务。这种新型建设模式的提出为此次深入实现建成环境持续更新的研究提供了掌控落地细节的可能性，是实现全建设产业链研究的一个基础。

在开化县 4 个镇探索了 EPC-PPP 模式与全域旅游规划策略的有机集成。以设计主导工程总承包模式与全域旅游规划策略在提升优化小城镇建成环境文旅领域过程中互相支持，适应当前小城镇建成环境更新需求，也契合了当前新型社会资源调配方式。通过高度集成型的设计系统，多维度、多尺度地进行规划设计，开发和优化乡村旅游资源，对自然资源、城乡环境、城乡空间结构及整体风貌有计划地进行优化调配，以带动新型小城镇建成环境的更新建设。

浙江省衢州市开化县地处长三角经济圈、海峡西岸经济区内，连接浙皖赣三省七县，是浙江省母亲河——钱塘江的源头。EPC-PPP 模式则解决了项目资金及施工问题，极大地推进了全域旅游规划策略的实施。采取在整体调研中采用一系列村落选点标准，以点带面进行开发优化的整体模式。在马金镇的旅游开发规划中，结合大区块自然山水条件、村庄布局与建设情况及现状历史、人文、自然等方面资源优势，提出"一核引领，一带拉动，功能互补，产业共建"的布局结构。在齐溪镇规划中，强化城镇景观节点与特色风貌区，引导城镇形成特色化集镇风貌结构，总体形成"一核一带，一环联三区"的风貌格局。在池淮镇规划中，结合当地特色形成"一心、一带、两轴、三片区"的整体风貌结构。在华埠镇规划中，结合华埠的历史文化，强化华埠城镇景观特点和建筑风貌，总体形成"一带、四轴、五点、多片区"的风貌格局和全域旅游的空间格局，系统性地调配旅游资源及相关产业资源。

小城镇建设是一项长期、复杂的大工程，一定要有整体规划和长远思考，否则对小城镇文脉结构和人文景观的破坏往往是致命的。文化人文的真正高度传承和融合需要规划设计在各个建设阶段和过程的渗透和指引，进而动态提出整体理念与完整设计，将历史元素、当地人文精神和现代化设计以及先进的建造方式有机结合，最终达到让历史建筑、历史元素在小城镇新貌中为现代人所接受，才能与城镇共存、共生、共发展。

3.2.4 设计主导工程总承包模式与传统模式的比较

政府正全力推进工程总承包模式，但总承包的现状多为施工总承包，甚至土建总承包，与工程总承包的差距甚远。政府主导的市场包括基础设施和部分公共建筑，在政府主导的市场推行 PPP 模式以后，具有资本和整合资本能力的企业已经赢得了初步胜利。后来，价值链割裂的设计、采购、施工模式越来越难满足大型企业的需要，价值链整合的工程总承包模式逐步显示出生命力。从具体实施方式来看，工程总承包可以分为以设计主导和以施工牵头两类，两者在建设的相关阶段都有明显区别，见表 3-1。

表 3-1 设计主导与施工牵头工程总承包的区别

风险点剖析	设计主导	施工牵头
招标投标风险	设计企业开展总承包业务，一般为综合实力较强的大型国有企业，信誉、实力有保障； 国有企业内控严苛、规范	评分方法设置无法有效区分竞争层次，施工企业基数大，鱼龙混杂； 民营企业挂靠，易出现无序竞争、恶意投诉等
设计阶段风险	设计企业科学衡量可行性、成本及功能价值的平衡，以技术为龙头，做好管理工作； 主动推行限额设计，自发优化方案，投资可控	习惯于按图索骥，缺乏设计管理经验和技术支撑； 联合体中的设计单位主观能动性不够，易沦为从属，无法有效确保投资可控
施工阶段风险	注重设计的可施工性，极大地减少了施工过程中设计变更与索赔，确保设计与施工无缝对接； 具有强大的设计管控和技术，配置多个专业中心，对联合体选择也都是大型国有施工企业	受传统模式"二次经营"商务思维和设计管理的短板所限，易造成设计施工采购环节脱节，超出成本； 招投标无法有效区分企业实力，建设单位面临巨大的管理挑战

从表 3-1 可以清晰地看出，在建筑业领域中，设计主导的工程总承包具有五大优势：

（1）招投标风险控制优势。传统施工、采购强制推行最低价中标，施工企业良莠不齐，实施过程中出现大量投诉与索赔，后期管理存在巨大挑战。设计企业不存在这类情况，设计主导工程总承包允许综合评价法，更利于选出综合实力强大的承包方。

（2）造价控制优势。在很大程度上设计决定了工程造价、进度以及工程质量。据统计，初步设计阶段设计对工程总造价的影响程度为75%～95%，施工图阶段设计对总造价的影响程度为35%～75%，而招投标和施工阶段，通过对招投标的有效控制和施工承包商的先进管理，降低造价的可能性仅为5%～10%（在网络上有相关统计数字，也作为实践常识用于一些考试中）。设计企业积累了丰富的设计经验和造价经验，能把握造价信息的准确度。设计主导能最大限度地调动设计院本身的设计优势，主动推行限额设计、优化方案，确保造价目标的最优实现，还更能注重设计的可实施性。

（3）时间管控优势。设计企业完成建筑方案深化后启动工程总承包招标，方案报规阶段配合协调积极性高，减少设计、采购、施工环节的搭接时间，内部协调效率更高。

（4）质量管控优势。工程质量责任主体明确，施工图设计进入价值竞争领域，最大限度地减少设计文件错、漏、碰、缺，施工方案减少变更纠纷，最大限度地确保施工按照设计意图执行。

（5）管理管控优势。大型设计院一般都具有优秀的项目管理及设计实力，除配置各专业人才外，还具有大量熟悉设计管理、造价管理、商务协商、项目管理及财务税制管理等复合型人才。

推行工程总承包的意义就在于它是建筑产业现代化发展的需要，建筑产业现代化的发展目标之一就是将工程建设的全过程联结为完整的一体化的产业链，形成设计、生产、施工和管理一体化，使资源优化、整体效益最大化。这也是小城镇建成环境可持续更新能有序进行的保障，使得小城镇所拥有的资源能得到最大化的优化，提高更新建设过程效率。

另外，在诸如山区小城镇建成环境进行更新建设，其技术难度大，工程总承包模式在一定程度上可以提升设计-施工与工程规模相适应的技术能力。

3.3　小城镇建成环境可持续更新框架

3.3.1　小城镇建成环境可持续更新框架理论构建

大部分小城镇都经历了从村到乡到城的发展过程和动态变迁。随着小城镇发展到一定水平，其多元性更加显著。许多功能、空间的诉求并不能从书本上直接找到答案，而是需要在小城镇建设过程中，向涉及的当地居民和多元主体请教和学习。小城镇建成环境更新的工作就搭建了这样一个平台，让各种诉求能集中在具体的空间上，进行协商并产生共鸣。

经过扎根理论抽样过程，可以看出，地域经济发展不平衡使得各个小城镇建成环境自然元素和人为干预元素也有明显差异，以此就可提取出城市和乡村属性。城市属性衍生了城市更新的相关理论，小城镇建成环境可持续更新是对其建成环境进行再生设计、改造，不仅是物质环境的更新，更是整个社会文化环境的复兴。而乡村属性衍生的相关理论则认为自然元素应尽可能保留，人为干预应降到最低，故而小城镇建成环境更新应遵循自然，循序渐进，保护与建设同步进行，见图3-2。

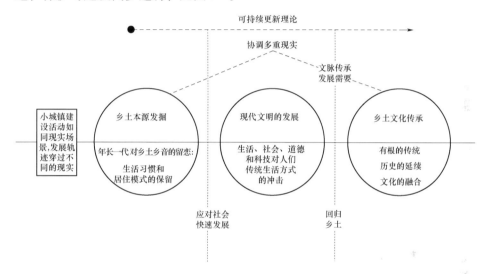

图3-2　小城镇建成环境可持续更新提炼理论（笔者自绘）

要做好小城镇生态修复和修补，建成环境更新就是一种非常重要的途径和手段。它使老百姓主动了解城市空间资源价值，形成共识，使规划设计有机会与技术集成，各专业、各行业协同进行资源整合，达到综合效益。小城镇建成环境的规划设计并不是某一特定人群独享的专业技能，而是对小城镇建成环境更新的一种动态实践策略。

小城镇发展的全过程是一个不断更新、改造的新陈代谢过程。小城镇建成环境更新与其发展相伴相随，其意义在于阻止小城镇衰退。在科学技术和物质文化水平提高的当下，小城镇的衰退不仅仅是物质性老化，更是功能性和结构性衰退，是无形磨损。小城镇建成环境更新目标应建立在整体功能结构综合调整的基础上，由过去单一的注重物质环境改善转向增强小城镇发展能力、提高生活质量、促进文明、推动可持续发展的综合目标。

3.3.2　小城镇建成环境可持续更新框架理论阐释

根据上面扎根理论所编译的小城镇建成环境可持续更新总体框架进行具体阐释。小城镇建成环境的城乡属性对应了不同经济水平的小城镇，但其更新应遵循自然、以人为本，对建成环境进行再生设计并建立有机秩序。以完整的规划体系总领，以设计为主导的工程总承包为更新建设的手法，循序渐进、因地制宜地推进建设过程。

1. 小城镇建成环境更新需要整体性策略

现阶段我国小城镇建成环境的特点是面广量大、矛盾众多，故而更新策略必须以健全、明确、有效的运行机制和调控机制作为政策支持。充分利用市场机制，推动经济运行的良性循环。要站在建成环境社会生态系统的角度，全面整合地看待小城镇的动态发展，从而构建整体性更新策略，应对全面启动的小城镇建成环境更新。

2. 小城镇建成环境更新需要建立综合系统规划体系

结合城市与乡村进行整合全面的规划，注意相邻小城镇的集群效应，将规划覆盖面扩大，合理分布产业和人口，确定更新改造的规模和方向。运用设计技巧对历史风貌地带和景观地带进行保护和控制，以强化深刻的社会和人文内涵。加重经济分析，对土地价值和成本效益进行估算，使更新规划更具科学性、社会性和现实性。

3. 小城镇建成环境更新需要包容的、开放式工作程序

形成自下而上和自上而下双结合的开放体系，打造国家、地方、企业、金融界、商界等多渠道、多层次、多方面投资体系，形成公共、私人与社会合作组织共同参与的局面。更新工作的每一步都是一个政府主导、多方位公众参与、凝聚共识的决策的过程。

4. 小城镇建成环境更新需要选择谨慎、渐进的方式

更新策略的制定是受到多种因素制约的，因此小城镇建成环境更新是一个连续不断的过程，不同地区、不同类型更新特点各异，更新过程应因地制宜，采取多种途径和多个模式，采取保护、维修、保留、改造、拆除重建等切合实际的方式，同时应依据不同发展阶段和经济基础确定不同的标准和步骤。

我国城市建设已经经历了多轮，而小城镇建成环境建设却一直被人们所忽略。小城镇建成环境更新并不能只是物质环境的改善，它必然包含经济、社会与环境的整体改善，所以我们在做关于更新的研究时需要引进"再生"的概念，重视对其实质内涵的深入研究，以便更全面地理解小城镇建成环境的可持续性更新理论，也能为更新策略的提出提供更深刻的理论基础。

小城镇建成环境可持续更新方法

为了方便入手研究，笔者从小城镇建成环境的主导要素入手进行更新方法的分类，基本可以分为两种类型：

第一类小城镇位于城市的周边或者距离中心城市比较近，承接了比较多的城市产业转移，因此产业发展程度比较高，具备了城市发展对人口的集聚效应，具备了一定的城市发展属性，以人为创造的要素为主导，其建成环境人工痕迹明显。

第二类小城镇由传统农业集镇演变而来或者从大型农村的传统村落发展而来，还没有彻底脱离乡村农业产业结构，因为交通等条件的制约，其现代产业发展乏力，无法形成产业规模。小城人口流失相对严重，没有形成人口集聚效应，部分区域产生局部不完善的小城市功能雏形，并有衰退的趋势。其经济发展比较受制约，乡村属性明显，自然条件优越。

这两类小城镇建成环境在其更新建设过程中都应向着和谐统一发展的目标进行。

通过对浙江省新型城镇化的村镇进行调研、分析，从地域性与建成环境产业特色角度对村镇进行划分，这样可以更清晰地看到建成环境类型划分与地域性实施更新的缘由。

本章选取浙江省内德清、嘉兴、桐乡与衢州小城镇建设案例以及广西省柳州市雷村屯风貌改造案例进行更新方法的探索。首先从空间尺度划分的角度，对建成环境进行从区域到集群，从集群到个体，从个体到片区的宏观和中观层面的尝试，在片区到节点到细部的微观层面也探求了不同的更新方法，见图4-1。

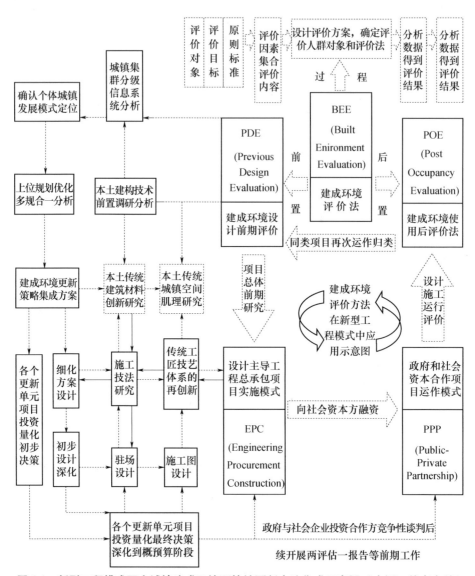

图 4-1　新型工程模式下小城镇建成环境可持续更新方法集成示意图（来源：笔者自绘）

4.1　小城镇建成环境更新准则

4.1.1　总体原则

1. 小城镇同源共生发展

从历史宏观的城乡发展逻辑看，农业到工业的发展过程中，乡村到城镇到城市的总体动态过程具有单向性。从小城镇的城乡同源分析出发，所有小城镇的阶段性问题均具有高度的共性。城市和乡村的发展问题，某种程度上均在小城镇发展过程中有所体现，无非是不同类型的小城镇所展示出的问题的轻重不同而已。

2. 小城镇更新方法的提出

建成环境的更新方法技术原则包含了对各个时期具有代表性的理论和方法，包括对城镇更新策略、城镇同源理论的同源设计方法、城市再生理论下的再生设计方法、城市复兴理论和城市再生理论等内容的总结提炼。

以上内容虽然不是完全针对小城镇这个载体提出的，但是从城乡动态发展的整体逻辑来看，小城镇属于城乡动态发展中的一种阶段性城镇形态，故这些理论在小城镇更新建设中具有可实践性和借鉴性。

3. 再生与绿色理念的辨析和植入

根据理论指导实践的原则，这里的再生设计或者所谓的复兴设计（根据前面的阐释）是涉及人类社会和自然系统共同演化、协作发展的更新方法。将城镇的再生和复兴比拟成生命体存活周期性的更新发展过程，而建筑物虽然不是像生命系统的自我修复和自组织属性一样被"再生"，但也是通过社会力量的推动所产生的建筑行为并产生积极变化。

20世纪90年代，美国、英国、德国、法国纷纷推出与绿色建筑相关的设计标准、评价体系。尤其是2000年LEED的提出，为我国绿色建筑事业打下了良好的基础，此后我国绿色建筑评价也基本沿用LEED体系。这些评价体系作为将绿色建筑实践纳入主流的工具极具价值，但清单式的罗列无法以系统方法指导设计，也无法将设计与其背景建立积极的联系。这就使得人们开始寻求这些评价方法的替代性方法，可以弥补整体性指导功能的缺失。这也是再生设计吸引力与日俱增的一个原因，当然更为根本的原因在于许多历史主线的融合。这些城市更新的主线，在过去的近50年时间里都与传统绿色建筑话语和实践并行。此外，系统思考、社区参与、尊重场所等核心原则在建筑话语和实践中都有很长的历史，而再生设计恰好将它们紧密联系在一起。

从历史上看，包括人居模式和建筑实践的世界观已存在了几个世纪，并在人类活动的形成过程中体现出来。17世纪中叶的世界观隐含地将人类置于主导地位，并独立于自然。这些根深蒂固的偏见会阻碍对可持续性的学习，更不用说应对可持续发展的挑战。

再生设计挑战了当前绿色建筑实践的正统性和支持它的设计工具，它们以渐进为前提，而不是对实践规范的挑战。在主流社会总是有替代的声音和相关的做法，特别是在第二次世界大战后的动荡时期，环境运动开始出现，许多有关生物区域主义、永恒文化、生态设计的"替代性"的声音，文献和方法不仅是再生设计的核心，而且越来越多地体现在"主流"话语中。

绿色和再生的设计方法之间存在明显差别，绿色设计的重点和语言主要是减少建筑物的资源利用和对环境的不利影响；再生传达了积极的信息，即认为建筑行为能够回报的比它收到的更多，从而随着时间推移建立社会和自然资本。Cole[98]认为强调绿色和再生设计的性能要求都是必要的，但是后者的整体正面框架可能对设计师和利益相关者更有吸引力。保持对当前紧迫的环境问题（如气候变化和生物多样性丧失）的关注和参与，同时有意识地为通过再生设计和开发强调的未来利益奠定基础。Mang认为[99]，再生设计接受并促进"场所"作为设计的首要出发点，并以一种方式将人们重新联系到场所的精神中，从而使他们受到场所的激励，并内在地被激励去关心它。

自从两千多年前维特鲁维乌斯以来，场所概念一直是建筑话语的一部分。现代主义运动打破了这种理解，用更隐晦、更抽象的空间概念取代了场所的意义。Leatherbarrow[100]提出，在现代主义理论中，"空间被呈现为每个特定环境的包罗万象的框架，所有可能内容的无限容器"以及"由于其属性的概念特征，具有与智力掌握相适应的自我同一性"。相比之下，他认为，"建筑表现的地形"是"多元的、异质的、具体的，它与区域有对比、冲突，有时彼此相反"。

绿色设计和再生设计之间的重要区别在于对场所、地域的尊重。大多数绿色评估工具都在努力适应地域差异和文化差异，作为一种通用的、自上而下的方法，它们通常缺乏再生方法的特殊性和社会生态参与。相比之下，再生设计和开发是寻求对整个系统的理解。场所概念的出现不仅仅局限于建筑，更是人们希望获得对生活更多控制的表现。

虽然再生设计建立了设计和自然系统的再生，自我更新能力（设计干预），但再生发展创造了其持续、积极进化所必需的条件。再生开发和设计不会以图纸的交付，甚至是项目的建设而结束。而设计责任应包括：在设计和开发过程中实施所需的内容确保项目的持续再生能力以及居住和管理项目的人员能够持续发挥作用。回到我们小城镇建成环境这一载体，虽然题目中用到了"更新"，而不是"再生"，但建成环境的更新绝非只是物质的修复，更多的是以再生的理念理解物质环境及其周边的自然、人文与社会大环境的互动，才能真正做到小城镇建成环境的可持续发展。更新的建设并不是以项目的结束而结束，而是赋予了建成环境可持续发展的能力，从再生设计与开发的这一核心含义提炼出的正是小城镇建成环境更新设计的一个核心要义。

4.1.2　技术原则

无论是更新建设还是再生设计，亦或是绿色设计等都有其共性的特征，综合提炼成小城镇建成环境更新的技术原则，即表现原则、相互协调原则与有机秩序原则。

1. 表现原则

表现原则是指自然界任何一种形式的表现都真实地说明其掩盖之下的某种含义，即人类的活动是人类生活、情感与思想的表现。历史上各种文明、各种精神都有一定的时代特征，人类的建设活动必然也是一种代表当时生活与精神的形式。罗马斗兽场、泰国泰姬陵、中国长城等，每一个建筑都代表着其历史与文化。单个建筑物是基本的组成单位，被理解为有机的、有价值的，如果建筑物没有价值、没有意义、太过孤立，那城镇也不能展现其应有的时代特征。

2. 相互协调原则

相互协调原则是无数的组成单位相互协作、相互配合并趋向一致的状态，是自然界保持和谐状态的基础。人类的活动都是向着整个小城镇呈现和谐的效果发展的，和谐的小城镇虽然各个单位组合各有不同，但它们在体量、比例上仍能够形成有机组合体。建筑群和天际轮廓线仍然能反映时代的特征，每个组成部分都暗含"趋同"倾向。一旦背离该原则，组成部分必然走向极端，过分强调的个体"特殊性"将会失去协调，会造成混乱的必然结果。

3. 有机秩序原则

有机秩序原则是指有机生命在表现和相互协调的能力之下，以一种内在次序演化，就是生命的发展，即小城镇更新建设使小城镇建成环境保持生机，并蓬勃发展。小城镇建成环境发展是生长或是衰退取决于它的运作状况，走向"有机秩序"则小城镇将呈现勃勃生机，如果陷入"无序"则小城镇会出现杂乱与衰败。

根据上述三个原则，反过来再看小城镇建成环境的现状与问题，我们可以看到小城镇建成环境在演化过程中，其实是走向了主观模仿与互不协调的道路。建筑风格退化成刻意模仿过去时代的形式，建筑师只是强行套用在建筑物上，并不考虑它的地点与环境，导致小城镇整体性被肢解。小城镇结构从统一体变成不同成分、不同利益的堆积物，日益严重的环境污染和混乱拥挤变成了小城镇建成环境的特征。在这样的背景下，我们不能再套用早期的经验和陈旧的建设方式，必须站在全新的视角看问题，提方案。故浙江省提出的小城镇环境综合整治，是从对建成环境整治的反思中提出了更新方案，即运用现代新型建设模式，整体考虑社会生态经济大系统的有机发展。小城镇建成环境更新方法的技术应用层面应把握这三大原则，将技术应用落到实处。

4.2 不同类型小城镇建成环境的更新

30多年的城镇化进程后，全社会普遍认识到，历史文化是一个城镇的灵魂和精神所在，原先快速扩张式的发展逐渐开始向生态修复、品质提升、特色营造转变。小城镇作为城乡的过渡区域，必然在其产生伊始就带有城市与乡村两种属性。针对这两种属性以及相应的人为干预程度的强弱，延伸出来的主要有两种更新：

第一种偏向城市属性的定位研究为主，且人为干预度相对较强的建成环境可持续更新类型，我们将其归纳为人为创造要素主导的建成环境更新。

第二种则是偏向乡村自然要素属性研究为主，且人为干预度相对较弱的建成环境可持续更新类型，我们将其归纳为自然进化要素主导的建成环境更新。

任何一种小城镇建成环境的可持续更新策略都不是单一存在于小城镇的不同发展阶段的，不能过分针对某一策略孤立划分，而应兼容分析。

人为创造要素主导的更新类型，主要从小城镇建成环境发展过程中不同阶段下，相对明显的城市属性展开。本章从当下热议的城市设计和城市双修对城市发展的指引作用开始，而乡村自然属性指引下的自然进化要素主导的更新以地域性本土营造和传统工匠技艺对历史文脉的传承为主。两者齐头并进展开，继而形成特有的小城镇建成环境更新（设计方法）作为技术和文化的整合平台，进而在小城镇建成环境更新建设中持续发挥作用。

小城镇的城乡双重属性赋予其建成环境研究不同的侧重点：已有城市雏形的小城镇，其设计是在已有的"人类创造的要素"的背景上入手的；而从传统乡村农业发展集聚而建立的小城镇，其更新则是在已有的"自然进化的要素"的背景上入手[101]，两者设计要素和应用截然不同，却又和小城镇发展阶段紧密结合在一起，故不能简单套用单一的城市规划与设计，也不能简单套用乡村设计的情怀，必须两者结合。

4.2.1 人为创造要素主导的更新

1999年，英国著名建筑师理查德·罗杰斯勋爵（Lord Richard Rogers）领衔百余位学者历时一年，完成了一份具有里程碑意义的报告《迈向城市的文艺复兴》（*Towards an Urban Renaissance*），报告中明确提出了"成功的城市复兴，一定是以设计为先导的（design-led）"[102]论点。城市设计被认为是城市复兴进程中的一个基础要素。同样，在我们小城镇建成环境更新过程中，想要建立一种可持续性的生活环境和包容性社会，首先就需要一个经过良好设计的物质环境来串联物质、社会、经济与文化。物质环境是形成上层建筑的基础和先决条件。越是经济发展动力不足，越是缺乏可持续性发展条件的地区，越需要以高质量地对物质环境整体更新作为小城镇建成环境更新的先导。

我们不难发现，在所有小城镇中，普遍存在一种倾向：靠近大型城市、经济基础较好、有一定产业基础的小城镇，通常其人为创造痕迹更为明显。大城市周边地区是任何一个国家在城镇化进程中经济敏感性、社会敏感性和环境敏感性最强烈、空间利用方式变化最大的地域实体[103]。

浙江省产业集群的发展是浙江经济发展的一大特色和优势。有些小城镇依托当地产业和专业性商业市场，发展了"区域块状经济"；有些小城镇从家庭作坊、乡村集体企业起步，形成了具有一定优势的小企业集群和专业化产业区。这些小城镇建成环境的更新更偏向于向现代化高速发展的城市靠拢，更容易承接城市功能疏导的产业转移带来的红利，也越发容易产生因小城镇建成环境发展的城市病而产生的不适宜性。

1. 从城市设计到小城镇设计的概念思考

城市设计是建筑学城市层面的表达和拓展，指以城镇建筑环境的空间组织和优化为目的，运用跨学科的途径，对包括人、自然与社会因素在内的城市形体空间和环境对象所进行的设计工作①。研究城市空间形态的建构肌理和场所营造，是对包括人、自然、社会、文化、空间形态等因素在内的城市人居环境所进行的设计研究和工程实践活动②。现代城市设计的缘起和发展与现代建筑运动密切相关，现代城市设计最初是与现代城市规划并行发展的，两者都关注解决工业革命后所产生的一系列城市建设和发展的新问题，都主张用物质形体空间的方式来影响城市和建筑的发展（Physical Determinism）。但城市设计致力于研究城市空间形态的建构机理和场所营造，因此城市设计与建筑学存在内容和方法的交叉关联[104]。

参照以上论述内容，作者提出"小城镇设计"这一还没有被学术界证实提出命名的概念，将针对小城镇的规划设计命名为"小城镇设计"作为建筑学专业在小城镇层面的表达和拓展。以小城镇的空间组织和优化发展为目的，运用跨学科的途径，对包括人、自然、社会、文化、空间形态等因素在内的

---

① 《中国大百科全书第二版》建筑・园林・城市规划学科撰写的城市设计词条（王建国）。
② 《中国大百科全书第三版》人居环境科学学科撰写的城市设计词条（王建国）。

小城镇建成环境所进行的设计和工程活动。"小城镇设计"并不是推翻重新设计、建造的过程，而是采用修补型的理性发展手段，展开精细化、渐进化和持续化的生态修复与小城镇修补工作。

我国绝大多数城市设计是依托中国特有城市规划的不同层级编制和实施的，因此在吸收国际城市设计的特点之外，要发展出具有中国特色的城市设计专业内涵和社会实践方式。我国的城市设计做到了接驳城市规划和建筑设计，人为创造要素主导的小城镇建成环境更新方法不可避免也将伴随这样的接驳功能。

2. 建成环境城市化聚变下更新策略反思

现下的小城镇建成环境更新，不拘泥于规划、建筑设计、小城镇设计或是城市设计方法的专业划分，小城镇建成环境更新与上位规划、下位建筑设计融合，甚至对施工后续进程都起到信息化指挥作用。

通常提到的城镇模型，在传统规划设计视角下，首先想到的是一张规划图、一个城市模型、一张鸟瞰图等来反映的城镇整体格局和风貌。但事实上现有的城镇，要完美和谐地达到鸟瞰图效果实属不容易。在以往粗放的城镇建设中，许多建筑之间并不协调，公共空间也不连续，许多建筑和绿化用地已被碎片化，单靠嵌入新项目不仅不能解决社会生态的系统问题，更是突兀的存在。

因此小城镇设计的关注点是织补，其建成环境更新的策略的核心内容是小城镇空间形态肌理的建构与场所营造，这就体现了在实践过程中落实和完善历史继承。它不再是拿出一个方案就完结，也不能为了拉通街道网格而裁切高密度的建成区，更不能为了历史街区的尺度和肌理的完整保护而运用建筑退线、密度指标、拓宽胡同小街的传统规划手段，而是应该运用"陪伴式"设计服务进行织补，不断地适应新需求、新情况，不断完善，从点到面，从既有建筑到新建项目，从公共广场到花园景观，从地上到空中到地下，涉及了小城镇建成环境的各个层面。

从建筑设计、城市规划和城市设计三个密切相关的专业工作要点来看小城镇建成环境更新的核心：规划主要关注社会、经济和空间发展的协同，法条、管控、协调是核心，具有明确的自上而下的管控价值取向；建筑设计更多关注满足业主要求，因建筑师而异，功能和个性是关键，具有自下而上的原创价值取向；而城市设计则要面对多重业主的环境和特色营造，兼具管控协调和原创的价值取向。

小城镇发展问题的症结可以归结于资本逻辑、权力逻辑和市场逻辑的各行其是。而自上而下、政府管控为特征的小城镇规划与自下而上、强调个性差异为特征的建筑设计之间普遍脱节是其中的关键原因之一，亟待"小城镇设计"从中发挥"起、承、转、合"的作用。

3. 浙中小城镇更新案例

在以义乌为典型的浙江中部商品经济发达地区，围绕城市周边的、具有良好集聚效应的工业园区被当作地方工业生产活动的主要空间载体。这些工业园区在建立之前正是一个个城乡结合的小城镇，其建设在最初是以一种推倒重建的暴力方式进行。作者在参加义乌城乡新社区集聚项目的大量建筑规划和实践活动时反复思考，传统设计理念和方法能否适应新时代城乡产业集聚型小城镇的总体要求；如何合理地处理被安置居民的新城镇生活；如何尽量弱化空间居住环境聚变所产生的社会问题和潜在的其他危机。

针对这类小城镇建成环境更新提出的系统性解决方案是：对居住空间组团和工作空间组团中行为模式和心理状态进行模拟和调研，借助数字化信息收集处理分析建立体验式周期性反馈平台的创新设计方法。尽力在空间构成方法和材质运用等建筑学手法上弱化现代高层居住集聚区和集中式产业集聚区对小城镇居民由于环境巨变所产生的消极影响，将城镇化政策背景下的社会人文关怀通过建成环境的要素进行重新构建。

（1）调研分析：选取居住区集聚和产业集聚分别对应的被安置人群全新的生活空间组团和工作空间组团的各自行为特征模式，用社会行为对居住和工作空间的变化产生的反应状况建立行为模式解析体系。以特定时间段的居住期作为维度进行问卷式调研，以求得各种特定新社区集聚安置模式下，不同小城镇构成新居住组团的特有状态和情况。这种调研的方式往往渗透整个城乡产业规划过程中，在不同的项目推进阶段，需要有不同侧重的且与之匹配的环境的考虑。

（2）策略分析：大规模扁平化的水平乡野流线，由高层的居住社区取代。阡陌交通的乡野景观，也由人工小区的集中绿化组团所取代。这一系列民众的心理特征和行为模式变化，需要由两部分的设计进行解决：

第一部分是前期的规划设计，充分考虑到原有村落各自的风貌文化特质和生活元素构成，对建筑规划空间特质和景观要素重塑，给予必要的优化和重新构成。例如，在设计中不过分使用欧式的建筑元素和园林构成手法，转而细分和追本溯源各个村落的形态文化要素，将新构成和拆迁后的自然村做整合性重新设计，在一定程度上重塑家族体系下的村落形态特质，将新的现代居住区组团和原有村落构成体系进行对比和优化，而不是割裂和放弃。

第二部分则是细分的设计，在入住阶段后持续跟踪走访得到的新的资讯信息，建立相关的数字化信息收集处理分析平台，来弥补后期显露出的有关居民生活要素的不足。从类似项目的反馈评价中，为以后类似项目的设计关注点做更为全面的分析和设计规划支持。

早期在义乌苏溪、佛堂镇的实践项目中，设计和规划大多数是按照现代建筑市场化产物的地产设计手段来进行。总平面布置形态均采用了现代居住区规划设计的手法，给予的创作空间和余地很小，但探索过程中的调研内容和使用后评价的想法为后期的小城镇建成环境更新的研究提供了新思路。开化县华埠镇的项目正是较好的小城镇整合整治工作的案例，其更新较为清晰地展示了针对性的实践。

开化县华埠镇是始建于唐朝末年的千年古镇，以商埠为名，历史上就是商业码头，是马金溪、池淮港、龙山港三溪汇流之地，是浙西通往皖南、赣西北的水陆交通要道，素有"钱江源头第一埠"的美称，现在已经是县城的周边临近集镇，是开化县对外的重要窗口，是县域的工业经济强镇和商贸重镇，也是开化县中心城区的副中心，人为环境和历史相对比较充分，建成环境密度比较大，有着"浙西小上海"的美称。2014年4月，省委、省政府批准组建新的华埠镇后，被确立为省级小城市培育试点，辖9个社区，61个行政村，总人口10.58万人。

华埠镇作为已有城市雏形的小城镇，其建成环境的更新应从"人类创造的要素"的更新入手。华埠文化始于"水文化"，唐末到清初，一直为兵家必争之地，其后开始利用水上交通发展商贸活动，明末之后其发展脉络一直是侧重于工业发展。华埠文化从地理生态的"水文化"发展成为包含民俗、茶艺、饮食和钱江源头的"商埠文化"，并最终呈现多元的地域性人文生态文化。

作为人为创造要素丰富的小城镇，华埠镇目前存在的系列问题主要集中在道路交通和镇容镇貌：华埠镇对外交通便利，镇内道路交通框架已经成型，但局部道路仍有狭窄、不贯通的现象，重要道路交通交叉口缺少标识标牌、信号灯、监控等设施，镇区密度较高，导致停车空间不足；建筑立面形式和色彩杂乱多样，缺少有序的特色；景观公园及绿色节点局部缺失；包笼和外架空调机位现象较多；配套设施布点仍需完善，可再生能源的普及率不高，智慧化城镇现状有待进一步提高。

故华埠镇小城镇建成环境更新的目标是着眼于文化、生态和商贸三方面，力争延续千年华埠文脉，打造现代古镇空间，营造生态宜居环境，结合产业升级，最终打造"千年古镇，产业新城"。

（3）规划引领分析：作为省级小城市培育的试点，在规划上明确了华埠利用传统工贸优势和综合交通优势，发展成为产业基地和商贸物流新城，并且县域规划将华埠封家片纳入中心城区范围，在小城镇环境综合整治之初，围绕开化县"一轴三区"的组团式布局结构特点，将华埠片区融入中心城区空间环境，为中心城区功能结构优化和产业空间重组奠定基础，见图4-2、图4-3。小城镇整体规划设计本身就是更新小城镇生活和发展小城镇建成环境形态的一种策略，规划设计策略将引领整个更新策略体系而存在。

图4-2　鸟瞰图（来源：笔者自绘）

图4-3　整治区域划分图
（来源：笔者自绘）

（4）空间营造策略分析：设计团队总体策略是通过原有肌理空间梳理，促进区块的整体活力更新，见图4-4、图4-5。主张采用对原有建筑的处理根据房屋现状区别对待，质量较好、具有风貌价值的予以保留；房屋部分完好者加以修缮；已破败者拆除更新；居住区内的巷弄保留原有尺度体系；通过节点在镇区形成局部端点，利用街道、滨水流线串联端点形成五大空间类型。

华埠镇对外交通便利，然而镇区范围内的交通道路仍需要利用此次环境综合整治进行梳理。针对道路系统存在的问题，设计团队对车行系统与步行系统进行重新设计，打通镇区主要道路形成完善的交通循环系统，引入街坊概念，将村改为社区形成街坊体系，通过内部交通串联使得各个街坊空间得到交流沟通，从而形成整体的一个院落街道结构空间。

图 4-4　华埠镇空间打造端点图
（来源：笔者自绘）

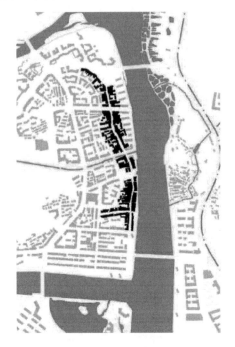

图 4-5　华埠镇老街保护区域图
（来源：笔者自绘）

（5）在地田野调查：马金溪中心区的兴华街、江滨路是整治的重点对象，建筑改造调研涉及 100 余处。调研采用的方法不只限于影像记录和电脑绘制，更多的是现场观察，用手用眼用心感受材料和尺度，以体验建造的过程。设计师从调研到改造建设驻场参与，以真实性和在地性挖掘、保护和恢复传统工艺和融入现代技艺。用现场手绘、拍摄、记录来观察对象，完成信息采集；深入了解当地的建造语言，并吸纳转化为现代建筑用语，尤其是浙西南的庆元县廊桥这一传统的建造语言在小城镇建成环境更新建设过程中的现代体现尤为出彩；参与建造过程验证调研资料，亲身体会材料和技艺工艺；建模研究构造的空间逻辑，以理解材料、空间与性能之间的建构关系。

根据实地对建筑新旧和层高的调研，将兴华街和江滨路分为三段，北段共有 33 栋建筑，拟拆建 17 栋，两侧危旧建筑分布较集中，以低层建筑为主，占 73%，有利于建筑高度的控制。中段共有 58 栋，拟拆建 20 栋，大部分建筑只需要在原有基础上进行相应整改即可。低层建筑占 57%，天际线高低错乱，需要进行统一规划设计。南段建筑较少，仅有 11 栋，建筑较新，并且多为高层，故保持其原有建筑形式进行微整，见图 4-6 ~ 图 4-9。

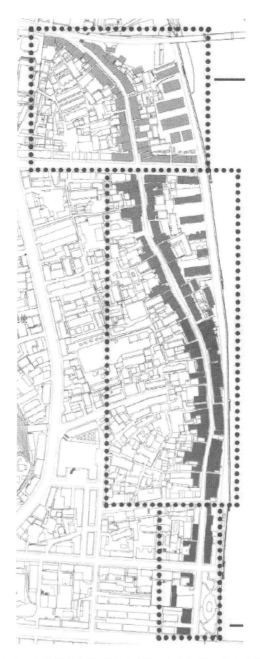

图 4-6　兴华街与江滨路划分调研图（来源：笔者自绘）

图 4-7 北段现状图（来源：团队拍摄）

图 4-8 中段现状图（来源：团队拍摄）

图 4-9 南段现状图（来源：团队拍摄）

（6）风貌营造策略分析：设计团队在生态维护方面采用现状山水格局作为小城镇老镇区环境基底，充分打开滨水和山体界面，山水相映的生态体系和廊道景观构成了老镇区的景观网络结构。在文化融入方面，整合老街巷空间、古埠等文化资源，结合华埠商贸资源，整合开发旅游，激发老城创新发展。整合传统商业形态，增加文化设施，营造文化氛围，将文化真正融入生活。

在建筑形态色彩上，考虑到粉墙黛瓦的黑白灰和局部木材的木色系，将墙面粉刷成白灰色与之呼应，采用马头墙和披檐还原传统特色。门窗以及局部立面材质选用木板，建筑台基选用卵石等石材，见图4-10。

图4-10　建筑形态、彩色和肌理的选择（来源：团队拍摄）

结合规划的发展方向，对镇区风貌进行划分：小城镇中心片区、华埠金三角居住片区、江北新城区和东岸行政片区四个部分，见图4-11～图4-15。根据各个风貌区的主题特色，对各区的景观环境风貌和建筑风貌进行针对性的管控及引导，即强化不同片区的主题意境，又要在总体上相互协调。小城镇中心片区集中在中部的老镇区范围内，是展示华埠镇历史文化、地域特色、民俗风情的重要区域。老镇区建筑风格古朴，街道尺度宜人，体现自然山水和谐的生活记忆。华埠金三角居住区是整体特色空间格局的重要载体，是今后居住区发展的重点区域，以现代居住为主，强调现代与传统结合，空间上与老镇区隔水呼应，平缓过渡，是老镇区生活的延续。而东岸行政片区则是行政办公建筑风貌的展示区，以公共建筑为主，建设风貌较好。江北新城区是重点展示华埠镇今后现代化城镇风貌的片区，总体将呈现开敞、简洁和高效的氛围。

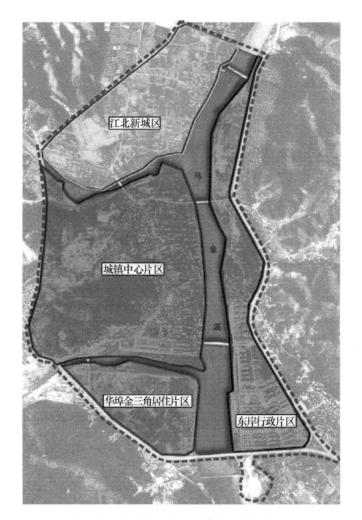

图 4-11　华埠风貌分区（来源：团队绘制）

图 4-12　城镇中心片区（来源：团队绘制）

图 4-13　金三角居住片区（来源：团队绘制）

图 4-14　行政片区（来源：团队绘制）

图 4-15　江北新城片区（来源：团队绘制）

　　在营造整体风貌的基础上，华埠镇的建设也注意到了节点的提升，在小城镇北部景观公园、三溪汇流城镇客厅、马金溪东岸游步公园、城镇南部田园景观和华埠大桥休闲公园进行重点打造，见图 4-16。同时注意节点的开放性与功能性，将服务对象定向于居民和游客，而非少数人享受；将功能设计立足于日常使用，而非仅仅供观赏。城镇北部景观公园以景观营造为主体，辅以人工元素，立足打造老镇区北部入口的主要节点。三溪汇流城镇客厅承接南部兴华老街的空间延续，塑造东岸大桥西侧的门户节点，以城市客厅的形式成为主要休闲节点。马金溪东岸游步公园主要为打造镇区环形游步系统，串联起江滨路与南部两座大桥。南部田园景观则是利用现有农田，开发成为以农田景观为门户节点。华埠大桥休闲公园则是对现有休闲公园进行打造，形成兴华街南部起始的休闲公园门户。

图 4-16　华埠镇景观休闲节点主体营造（来源：团队绘制）

综上所述，华埠镇在以人为创造要素为背景的建成环境更新中所采取的策略为：强调规划解读和引领作用，明确区域定位，整治环境卫生、城镇交通和乡容镇貌。本着主体营造、多点开花的宗旨，在节点设计中融入华埠古镇当地的特色文化，在道路绿化的提升中加入乔灌草植被的组合，在节点空间的整治中注重围墙材质的选取、高度的设定和景观的搭配。对于老街保护开发的具体策略将会在下面关于空间尺度划分的更新实践的小节中详细阐述。

4.2.2 自然进化要素主导的更新

国家农村土地三权分置政策一经推出，农村又面临了新的发展机遇。随着大城市人居环境和现代生活的压力，中产阶级产生了亲近自然环境和追求慢生活的强烈需求，他们渴望回归自然家庭生活，为子女提供更原生态的教育。中老年人追求在这种环境中回归从前的自然健康的生活方式。同时有相当一批向往乡村生活的年轻人，选择乡村来实现自己的理想。于是传承千百年的传统村落周边的自然环境和展现的恬淡生活，极大地吸引了城镇消费主体的关注。但传统村落存在的有机秩序退化和现代功能滞后，阻碍了城镇消费主体的大量涌入。因此，需要采用有机秩序修护、现代功能植入为核心的有机更新理念，以强化乡村自身的差异优势，弥补乡村生活品质劣势。

在乡村人居环境建设中需要多元外力介入与本土力量相融合，以此催生出来的新建造模式，是一种将现代规范、专业设计建造方式与乡土建造相结合的更新策略，既延续村落的自然生长状态，又对落后陈旧的格局、秩序与功能进行修建。遵循"寻源—修复—培育—发展—形成"的村落建筑风貌形态全培育成长周期，建立符合当地建筑风貌及文脉特征的系统评估及优化体系，根据村居风貌发展阶段和村落形态构成实际状况，提出相应的阶段性动态弹性解决方案。

罗隽、何晓昕[105]通过对柏林博物馆岛建设和保护和改造的"补全式修复"的方法分析，对我国城镇化建设中如何传承历史文脉、塑造城市个性提出了建设性思考。20世纪末，经过对柏林普鲁士纪念建筑（19世纪欧洲博物馆建筑的代表作）的争吵，逐渐形成了一个以奇普菲尔德领队的"博物馆岛设计团队"，负责各博物馆的修复/重建/增建，也将注意力从单体建筑设计转向总体设计。奇普菲尔德对博物馆修复的总原则即"补全式修复"，就是：既不是以废墟为背景的全新建造，也不是重建被战争破坏的不可逆的部分，而是整合所有可利用的受损构件肌理，附加一系列现代元素，建造一幢有延续性的建筑[106]。"重建补全原有的建筑体量……保护并修缮幸存的部分，创造一个令人理解的场景，并将那些零碎的部分重新连接成整体[107]。"这就是在残存构件上创造持续性。"持续性"与"完整性"正是建筑师历来都要考虑的哲学、美学与技术的关键。

邓斯莱根在其专著《浪漫主义》的开篇写道[108]：将历史物件/建筑放在

博物馆里保护与历史城镇的保护是不同的。因为历史城镇在发展中加入了现代元素，所以历史建筑在历史城镇中需要花费很多努力才能塑造城市的文化身份。这对我国目前小城镇建设过程中遇到的如何对历史文脉元素进行保护，如何将现有的历史建筑形成文化、艺术的空间的难题提供了有价值的参考。传统历史民居在小城镇建成环境更新中塑造了其不可磨灭的文化价值，随着建成环境的更新而不断延续生命。

如何利用历史城镇现存的格局和建筑资源去塑造一个小城镇的文化名片，变成了小城镇建设和发展的核心要义，也是我国小城镇建成环境更新设计现阶段的有力技术手段。

池淮镇地处浙江省开化县中西南部，镇域区位独特，原 205 国道、17省道复线穿境而过，其中原 205 国道已成为一道亮丽风景线。政府驻地星口据县城、华埠只有十余分钟，是中南部四乡镇外出的必经之地。它始发展于北宋太平兴国六年（981），山水自然特色显著，人文风俗依旧活跃，如白渡村徽戏、池淮村目莲戏以及竹编技艺等。池淮镇旅游资源丰富，配合便捷的交通，有利于发展旅游产业。池淮镇在本次小城镇环境综合整治中，其规划目标是以山水自然特色为背景，以农趣为导向，展示独特的池淮农趣风情小镇。池淮镇是以生态环境与自身农业产业作为发展优势，与华埠镇的小城市的特色有明显的区别，故池淮镇的更新可作为自然进化要素主导的案例。

池淮镇作为农业产业具备优势的传统城镇，其存在的问题主要是在环卫、交通与乡容镇貌上。镇区主要街道已有污水管网规划，然而滨水有较多淤泥，水渠、水体漂浮物较多。池淮镇对外交通便捷，内部交通体系环境较差，道路分区杂乱。同时小城镇道路改造不同于城市道路改造，除了满足交通功能外，还应具备其他功能，例如连接基底元素，居民生活交往的空间场所。而在乡容镇貌方面，池淮镇虽然仍保持着浓郁的乡土传统文化和环境，具有鲜活的生命力，保持着自我更新的活力，建筑都是多层为主，但存在高密度的现象，且小镇居民自我修缮更新并不成体系，也使得整体显现杂乱无序的感觉，与国家社会高速发展的现状形成脱节。整治区域图见图 4-17。

1. 规划引领分析

池淮镇总体的规划目标是以"山、水、村"彰显浓厚的乡村魅力和文化特色。池淮镇具有良好的自然山水环境，玉溪环绕，群山环抱，生态优美，实为山水相融的宜居环境。池淮镇其城镇性质是以现代农业、商贸服务为特色的近郊商贸休闲型农趣城镇，结合其优越的交通区位和自身农业产业的传统优势，池淮镇镇区经济发展已有基础保障和新动力。

一般整治范围
主要为镇区已建成区域，以及池淮溪南岸的新规划区域

重点整治范围
1、池淮镇东南、东北、西北三个主要入口。
2、风情小巷
3、星华路、星池路沿街立面
4、池淮溪沿岸

图4-17　池淮镇更新整治分区图（来源：笔者自绘）

　　池淮镇主镇区采用"一心、一带、两轴、三片区"的整体空间组织结构。"一心"是指依托镇政府形成的集行政办公、文化休闲为一体的公共服务核心。"一带"是指依托池淮溪形成的滨水景观休闲带。"两轴"是指沿星池路和星华路形成两条镇区综合服务轴，是未来城镇发展的主要功能轴线。"三片区"是指三个相对独立的功能片区，分别是北部星口居住区、南部直岗工业片区和西部的村庄片区，见图4-18。这样的空间组织结构代表了不同的风貌特色布局。

2.城镇秩序改造分析

　　道路网络的规划是小城镇振兴的基本要素。在道路设计上，注重将道路系统作为一个整体进行改造，以配合空间整体改造。影响道路改造的元素不仅仅是两侧的建筑物，路面、人行道、路灯、围栏与绿化等都是凸显街景改造的重要元素。故道路系统作为空间划分的一个重要元素，其更新设计对于小城镇整体空间布局有重大的意义。为保证空间的统一性和联系性，通过各种变化和特色表达各特定区域的特殊品质和特点，在道路铺装设计上采用一致系列的材料，包括现代简洁的铺装和池淮本地的传统材质，见图4-19。

整体风貌景观规划结构：

    规划上结合池淮镇的上位规划以及城镇总体规划，与池淮当地的特色形成"一心、一带、两轴、三片区"。

一心：依托镇政府形成的集行政办公、文化休闲为一体的公共服务核心。

一带：依托池淮溪形成的滨水景观休闲带。

两轴：沿星池路和星华路形成两条镇区综合服务轴，是未来城镇发展的主要功能轴线。

三片区：三个相对独立的功能片区，分别是北部星口居住片区、南部直岗工业片区和西部的村庄片区。

图 4-18　池淮镇规划结构图（来源：笔者自绘）

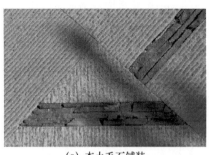

（a）本土毛石铺装

（b）现代石料铺装

图 4-19　道路铺装设计

3. 风貌营造分析

基于池淮镇现有的城镇状态和乡容镇貌，将小城镇分为重点风貌控制区、一般风貌控制区、滨水景观带、滨水景观轴和城镇功能性景观轴。在重点风貌控制区，保持池淮镇区本身的乡土城镇特色，不盲目追求冰冷的城市现代感，而应转化池淮本土的风俗风貌，形成池淮的小城镇基调，使其成为池淮核心的小城镇发展改造生长点和中心点。一般风貌控制区是作为重点风貌区的延续和周边农村的过渡，形成以干净整洁为核心的风貌控制主题，成为小城镇基本图底。景观带用来串联打通各区块，形成活络的主要血脉，营造近水亲水的水乡风貌，成为小城镇名片。

4.3 小城镇建成环境的地域性更新

Frampton 在"迈向批判地域主义：抗性建筑的六个要素"（1983）中，制定了与地域主义建筑相关的标准，并试图将建筑辩论集中在"场所"的概念上。"批判性地域主义"是一种策略，间接地从特定地方的特殊性中获得的元素用于调解普适文明的影响。

批判性地域主义并没有特指某一种具体的文化形式，或是哪一种特定的建筑语言，也不排斥现代建筑中进步和解放的内容，甚至是新的建筑技术、新的建筑材料等都应强调地域性的特质，将所处的地域性特质作为主要的设计元素，重建地方建筑价值。

批判地域主义（Critical Regionalism）被 Kenneth Frampton 引述发展成为建筑学经典设计理论。其包含6种要素[109]：

（1）批判的地域主义被理解为一种边缘性的建筑实践，虽然对现代主义持批判态度，但它仍然接受现代建筑遗产中进步和解放的内容。

（2）批判的地域主义表明这是一种有意识有良知的建筑思想。它并不强调和炫耀那种罔顾场所而设计的孤零零的建筑，而是强调场所对于建筑的重要作用。就像 CCTV 新总部大楼只能代表中央电视台，无法代表整个北京；金茂大楼不能代表上海。城镇给人的印象更多的来自心灵与身体的感受，历史与文化应该伴随小城镇发展一起前进。

（3）批判的地域主义强调对建筑的建构要素的实现和使用，而不是追求将环境简化成一系列无规则的布景和道具。

（4）批判的地域主义不可避免地要强调特定场所的要素，这种要素包括从地形地貌到光线在架构中的作用。

（5）批判的地域主义不仅仅强调视觉，而且强调触觉，它反对真实的经验被讯息所取代。

（6）批判的地域主义对乡土建筑的煽情模仿持反对意见，但它接受将乡土要素作为手法或片段注入建筑整体。

4.3.1 小城镇更新方法地域性本土营造

自古以来，松阳便被誉为"最后的江南秘境"，大山深处的古村历史悠久，依山而建，沿山体梯田阶梯式分布，呈现典型浙西南崖居聚落形态。民居大多为夯土木构建筑，保留了完整的村落空间肌理和环境风貌，对山地民居的改造是为了改善现代居住空间环境，更能回应周围的自然风景。陈家铺村悬于山崖峭壁上，多数民居三面夯土围合，一面紧靠毛石挡土墙，内部屋架为传统木结构。机动车辆到达村口便无法前行，村道蜿蜒曲折，石阶上下崎岖，路面最窄之处仅可一人通行。

在陈家铺的建筑改造过程中，始终遵循两条平行的策略[110]：

（1）对当地民居聚落的乡土建构体系展开研究，梳理与当地自然资源、气候环境、复杂地形、生产与生活方式及文化特征相适应的空间型制和稳定的建造特征，为保护传统聚落风貌提供设计依据。

（2）运用轻钢结构体系和装配式建造技术，植入新的建筑使用功能，适应严苛的现场作业环境，满足紧迫的施工建造周期，同时提供较好的建筑物理性能。

在对当地乡土民居建构进行挖掘的策略中，主要是梳理分析当地民居聚落建构的组成脉络、特征与现实应用的可能性；走访当地传统工匠，收集工法口诀，感知材料特性，学习传统建造技艺；同时，还向现代夯土技术专业人士咨询，调整材料配比，优化材料性能和技术工艺，学习夯土修复技术；最终对当地带有地域特征的架构、屋面、墙体、门窗、构造细部等建筑元素和材料进行整理分类，建立当地材料与工法谱系，为以后该区域更新设计提供参照基础。

当地农民施工队以本土营造技艺修复还原土墙，外墙体以最大程度进行保留，且与新建结构剥离，以免土墙承重。山地民居多顺应地形地貌，依山而建，多数房屋背靠山体一侧，围护外墙直接采用毛石砌筑的护坡挡墙。这一表达地域建造特点的构造被保留，是更新设计中最能体现古朴与本源的批判地域主义的要素之一。

山地土层含水量高，石墙会出现渗水现象，在基础施工阶段预埋排水管起到引流作用，石墙内部灌浆处理，填补缝隙，刷防水涂层，营造舒适的室内居住环境。屋面则是现代普世价值与本土材料统一的又一展现点。轻钢龙骨屋面填充 EPS 发泡混凝土，上铺防水卷材，利用老建筑拆除的小青瓦作为面层，既回应了地域文化性，也体现了可持续的生态理念。

在新型技术应用于传统建筑提升建筑物理性能方面主要是从结构入手，考虑到地处偏远山区，交通运输不便，大型建筑机器无法进入，原有夯土墙体承载力有限，最终采用新型轻钢装配式结构体系，选用结构梁柱为截面尺寸 200mm×90mm 的基本单元杆件，再由两根壁厚 2.5mm 的 C 形钢合抱弦扣而成，最后冷轧成型，杆件之间螺栓连接无须焊接。保留质量较好的材料，如木材、青瓦、砖石进行回收再利用。

上述案例中，传统手工技艺与工业化预制装配相结合，轻钢结构为现代使用空间搭建了轻盈骨架，而传统夯土墙则在外围展现尊重当地风貌的态度。同时就地取材，对旧材料加以回收再利用，实现"新与旧、重与轻、实与虚"的对立统一，这便是小城镇建成环境更新中批判地域主义的实施策略。

而在丽水庆元县更是有一座没有一个铆钉的木拱桥历经千年，一直作为当地居民的交通要道与风俗文化的重心。木匠传统手工技艺在当下的小城镇建成环境更新中，不仅是地域本土营造文化的传承，更是小城镇更新发展的现代价值所在。

4.3.2 地域性建筑风格传承的多尺度分级研究

村落作为中国农村居民点，其景观不仅反映了聚居地与周边自然环境的和谐关系，还体现着地域传统文化、村落空间形态和建筑艺术风貌等。乡村建筑形态风貌的历史文脉的传承和延续面临着极大的挑战和一定程度的破坏及缺失，因而呈现出了建筑风貌和村落形态的各种无序和混乱的现状，长期受到各方的诟病和批评。在对德清县建筑风貌体系的实践中，逐渐形成对地域性建筑文化和建筑风格传承的多尺度分级研究的认识，从而更好地把握小城镇建成环境地域性实施策略，不断完善提升。

德清的地形地貌似我国国土形态分布，西高东低，且建筑文化的分布地域性比较强，见图 4-20。其自然地貌的变化自西向东，从山地到水乡，也决定了不能简单划一的来看待农居户型造型问题。每个地区的不同环境特征和村落构成所造就的建筑类型，必须要有各自的形态特征符合当地的实际需要。

将德清县 160 余个自然村落依据东部水乡、中部平原和西部山区的地域特征为基础，进行风貌特征的大致分类：

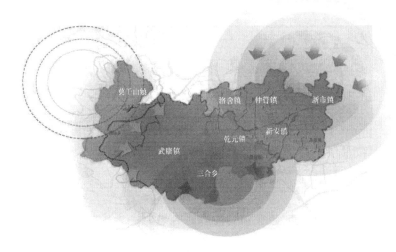

图 4-20 德清村落风貌分区图（来源：笔者自绘）

（1）东部泛太湖流域是典型的江南水乡风情，在地貌上以平原水乡为主，水网密布。建筑和城镇顺应自然，契合地形水网，街道走向无定式，建筑整体风格清雅，街道幽深，无论是普通居民还是大户人家都追求沉稳雅致、意境深远的格致。文化上继承太湖流域浓厚的江南水乡吴越文化，形成独特浓郁的民俗文化和商贸文化。经济上旅游业以水乡特色为主，受运河文化影响深远，贸易发达。

（2）西部天目山地处浙江省西北部临安境内，浙皖两省交界处，山脉峭壁突兀，怪石林立，峡谷众多，自然景观优美。在地貌上以低山区为主，文化上依托莫干山自古以来吸引文人墨客和历史传说。特殊的地形和悠久的佛教文化促使该区域动植物的遗存和植被保护完整，复杂的地势地形对周边产生了巨大的影响。经济上依靠面向莫干山核心的旅游业和周边丰富的竹类所带来的竹制工艺品。

（3）中部良渚文化区域是环太湖流域分布的以黑陶和磨光玉器为代表的新时期时代晚期文化，主要遗址位于杭州余杭区良渚，辐射周边，形成浓厚的玉文化，同时建筑风格融入良渚文化元素。在地貌上以丘陵为主，是西部山麓和东湖水域的过渡。经济上工业完备，石木产业尤为发达，同时也受到下渚湖国家湿地公园旅游影响。

将整个县地域内的所有村落形态当成一个统一整体系统考虑，从各个历史文脉层面解析村落分布且划分成各种建筑风貌群，培育各个独立自主且互相关联的村落建筑风貌体系，从而使得传统村落的历史文脉特质可以延续，新时代的现代建筑技术和手法可以吸收和发展，见表4-1。

表 4-1 德清西、中和东部地域性建筑文化和风格分级演绎

区域		现有建筑风格	营造思路	营造措施	营造后风格
西部	莫干山北山山麓	形式特点：传统硬山顶坡。茂密的竹林，就地取材的便捷性，对竹制品的编织和运用，而竹制品的围合表露出该地区人们对庭院共有和要求。为适应山区，砌筑石块为建筑基座和挡土墙	在山地建筑的基础上，对各村镇留有各自特征进行风格的变化，建筑材料就地取材，功能上适应于旅游业	中式传统建筑的基调，竹和石的运用，庭院的需求	传统中式山地建筑风格，运用石材垒砌墙的手法
	莫干山东南南山山麓	材质特点：大量运用清水砖。民国风格风貌的保留和发展，已形成文化集市，部分村落如劳岭村形成木结构为主体的建筑		民国风建筑基础上的文化创意和建筑改造	类似新亚洲建筑风格，讲究元素的融合创新
	莫干山西南南山山麓	裸心谷及法国山居系列。中式风格为主，融合各种异国风情的经营和运作模式。局部应用了夯土堆砌的做法，追求自然和建筑的融合，以及绿色建筑的可持续设计理念		古典主义建筑的历史底蕴和现代功能的相互协调	古典主义建筑风格，强调石材和砖砌的运用

区域		现有建筑风格	营造思路	营造措施	营造后风格
中部	泛莫干山区	建筑风格偏向于德清西部山区，受其影响较多，但是现代化程度更高，建筑形式更加开放，建筑元素更加精练简洁	建筑风格更现代化，适当兼备地域化的特征，建筑布局更加自由开放	对莫干山区村镇建筑元素的削弱，结合现代建筑保留共有特征	类似新亚洲建筑风格，讲究现代手法应用
	泛太湖水乡区	建筑风格偏向于德清东部水乡泛太湖流域的风格，传统建筑要素削减，户户开始分离，家庭概念的强化和邻里之间关系的弱化，形成局部中庭院落的单一风格		整合水乡建筑的特色，针对肌理相对松散状况，适当扩大公共空间尺度	现代中式建筑风格，讲究田园风格的应用
	渗透综合区	建筑元素杂糅，现代房产设计风格开始影响此区域，建筑风格更加现代化，玻璃和钢材运用增加，平屋顶和缓坡屋顶出现，改变了原有坡顶的单一形式		建筑风格多变，体现出自由浪漫的人文情怀和世外桃源的田园风情	结合中式样式及欧式风格胸，体现折中风格的应用
	泛良渚文化区	保有一些传统四世同堂的民居建筑，从良渚文化提炼出内圆外方的建筑元素。结合良渚文化区的建筑形态，更多乡土元素可以利用		提炼良渚文化要素，继承和发散传统文化	中式建筑风格，材质古朴有历史感

续表

区域		现有建筑风格	营造思路	营造措施	营造后风格
东部	泛太湖水乡	建筑的亲水性明显。小尺度的街巷、骑楼、檐下空间公共化为行人路径	枕水而居的江南风情，小桥流水人家的意向营造	建筑上以传统江南水乡为基础，但倾向于宏观的把握和对肌理的梳理	新中式建筑风格的应用，注重对庭院景观的处理
	次级泛太湖	传统民居形式。建筑中木结构的使用逐渐减少，砖墙比例逐步增加。保留了屋檐错落有致的风格		水网相对减少，保留水乡建筑的意向，形体结合平原性农耕需要	中式风格讲究造型的平原性和农耕需要

莫干山北麓山势延伸走向天目山，植被茂盛，建筑保留原生的风味，建筑材料多为当地盛产的竹子和石块，乡土风情浓郁。基本以山地建筑为主，再结合历史文脉和社会环境形成独特的建筑风貌。然而经过调研发现，现有建筑保留原有乡土风貌的元素，或者说保留了建筑材料的一贯性，建筑立面呆板、粗放，过于平面化，缺少细部，一些建筑元素运用牵强生硬，也缺少对场地本身肌理的梳理。设计团队整理建筑元素之后，注重当地建筑材料的质感，合理运用当地材料，烘托建筑质朴的乡土风情风貌，见图4-21。

(a) 莫干山北麓现状图　　　　(b) 莫干山北麓改造意向图（来源：团队整理绘制）

（来源：团队拍摄）

图4-21　莫干山北麓现状图与改造意向图

莫干山东南部以民国外交部长黄郛隐居并尝试乡村改造的痒村为核心，并且在当地形成了文化产业园，有人情温度的老式建筑、充满异国文化碰撞的海报与店招，形成浓郁的民国建筑风貌群。调研中发现，当地民国建筑有较多遗留，砖的使用较多，使得当地有着大量使用陶瓷贴面的传统，同时建筑或多或少都有些西式建筑的风格特征，比如德式民居中尖耸的坡屋顶。建筑细节上缺少设计，比例失调，建筑元素混乱，缺少整体性和基本的基调。故此处所采取的更新是从整体上把握建筑风格，从建筑构件细节模仿到建筑整体风貌的控制和完善，从小到大，从下至上，见图4-22。

莫干山西南山麓形成了以后坞村、庙前村和劳岭村为核心的"洋家乐"。在这些与竹林茶园相伴的农庄里，建筑以老旧木料和当地石材相结合，一些建筑形成浓郁的异国风情，还有一些建筑在保持房屋的老泥坯房外观的前提下，把内部装修成现代风格，既拥有传统中式的山水意境，又能体验欧式建筑和生活习惯。然而，一些爱奥尼柱式、花瓶栏杆等西式元素被当地所接受和大量使用的同时，也存在建筑停留在原始的拼装和搬运中的现象，没有形成自身体系和完整的建筑语言，缺少协调和统一。故在此处运用的措施是将西式建筑元素进行抽离和解构，重新融入现代建筑，对建筑进行完整塑造，见图4-23。

(a) 莫干山东南部现状图   (b) 莫干山东南部改造意向图
（来源：团队拍摄）   （来源：团队整理绘制）

图 4-22　莫干山东南部现状图与改造意向图

(a) 莫干山西南部现状图   (b) 莫干山西南部改造意向图（来源：团队整理绘制）
（来源：团队拍摄）

图 4-23　莫干山西南部现状图与改造意向图

德清中部泛莫干山辐射区，地理位置靠近西部，建筑风格上偏向德清西部山地建筑，但更加现代化，建筑元素更加精炼简洁。泛水乡辐射区，地理位置靠近东部，建筑风格偏向东部，传统建筑要素削减。中部湿地控制区，由于下渚湖国家湿地公园的存在，建筑更趋于精巧弱化，以表现风景为主题，建筑低矮平缓，建筑要素杂糅。但建筑和场地没有契合，盲目的架空底层，建筑三段式设计基本上生硬地把建筑分为上中下三部分，使得建筑整体性差，各个层次之间单纯的用材质颜色区分，窗户等建筑细部粗糙，不够精致，甚至建筑基本的生活阳台缺失。采取的措施为优化建筑立面层次，立面上形成视觉焦点，在水平或垂直方向上舒展建筑体量，见图4-24。

（a）德清中部现状图（来源：团队拍摄）　　（b）德清中部改造意向图（来源：团队整理绘制）

图 4-24　德清中部现状图与改造意向图

受太湖流域密布的水网影响，德清东部的建筑大多沿着河道发展，以河网作为城镇建构的骨架，在小城镇的发展扩大时沿着河道的走势开始发展，对地形的破坏较小。由于自然条件优厚，人文荟萃，当地居民安时处顺，长于变通，顺从自然的生活态度，这一地区江南文化较少受到严格礼制思想的束缚，重视物质生活，更务实。加上河网密布，小城镇繁荣拥挤，宽敞的宅邸不易得，因而在建筑布局、街道的走向上都无定式。居民依照宅基地的大小、地势灵活布置，空间富于变化和趣味，传统工匠技艺明显。同时，江南文人文化的鼎盛，也影响了建筑和城镇空间形态。建筑普遍体现出纤巧雅致、风格清雅、街道幽深的特点。因水成镇，因水成街，又因水被分割成18块，再由架在河面上充满浓郁水乡情调的桥梁连成一片，各具特色的弄堂贯穿于街市之间，构成典型的小桥流水人家的画面。街道间有弄堂贯穿，镇河上小桥横卧，形成了悠久的文化和丰富的旅游资源。然而在城镇大拆大建，盲目建设之后，地域性场所的特征支离破碎，东西方建筑元素胡乱拼接，建筑材质色彩混乱，立面上各种设备和构建杂碎，同时建筑没有严谨的设计逻辑，对场所精神没有足够认同，导致建筑本身地域特色无法体现。故此处采取的措施为优化建筑材质，加强屋面的层次感，丰富建筑的立体感，多样化建筑造型，统一色彩，优化建筑比例，呼应场地的历史文脉，提升建筑的层次感，见图4-25。

(a) 德清东部现状图（来源：团队拍摄）　　　(b) 德清东部改造意向图（来源：团队整理绘制）

图 4-25　德清东部现状图与改造意向图

　　地域因素决定和影响技术的同时，也为技术提供了丰富的建筑语言和表现空间。处于村镇建成环境核心地位的风貌建设，不仅表征了建筑文化的地域性特征，同时也深刻反映了当地文化生活的精神内涵和现代化建设的成果。为了更好的从历史文脉的本源上和村镇发展动态体系中寻求修复建成环境的系统性方法，通过实地调研，选取典型村镇进行分析和探讨。在充分总结德清村镇建设优势和特点的同时，深度挖掘可以改进的部分，自下而上严谨有序，涵盖各种集聚类型，从整体造型到平面户型库，更全面丰富建设理念和经验。通过全周期建筑风貌还原修复过程反思，尝试建立更全面系统的动态村镇建筑风貌控制培育体系。这种多尺度地域性建筑文化和风格分级培育的体系，也为后期笔者在小城镇建成环境地域性实施策略的提炼提供了丰富的案例支持和理论思考。

4.4　不同空间尺度小城镇建成环境的更新

　　传统的认识里，城市设计的实践主要在规划和建筑之间的空白地带，介于城市组团内部和建筑个体外部的城市空间。在这种观念的引导下，城市设计主要集中于街道、广场、市政公园等。随着城市更新的去物质化，城市设计也被带动着，开始涵盖"关于三维物质环境的创造和使用的各个方面"。城市设计从城市的形体结构、交通系统、公共休闲空间，向与建造这些物质环境的社会、经济、文化要素发展。在小城镇建成环境的更新实施中，也存在着规划设计在实践认知中的缺陷和空白区域。因此，笔者尝试提出基于空间尺度划分的逐级更新方法，细分小城镇各个尺度下的规划设计信息整合。

因为城市尺度不同，要归纳全部的城市设计实践对象是很难的，而小城镇建成环境的尺度、发展层次也都不一样，应将城市设计实践与不同尺度的小城镇综合整治对应起来，建立不同层面的更新方法。有文献表明，西方国家的城市复兴大致有三个层面，在这里也适用于小城镇建成环境更新。根据Gospodini[111]的理论可知，城市复兴的三个层面分别是：区域层面，发生在国际大都市圈或城市群；市域层面，发生在单个城市，或者城市内的大型功能区；局域层面，发生在城市内部的各种公共空间、街区和建筑。借鉴到小城镇建成环境，也可以分为：小城镇集群层面，小城镇可能有数个相连或相近的村落、集镇组成，而相邻的小城镇也可能有相似之处，故将数个小城镇打包成集群来研究与实践；单个小城镇，可能是城市郊区发展形成的，较为独特的个体；局部层面，小城镇内部的历史建筑、街道、景观场所等小尺度空间。

澳大利亚城市设计师 Jon Lang[112] 提出的城市设计四种实践策略以城市复兴的不同层面为基础，这种构想为不同尺度城市复兴与城市设计实践之间的对应关系提供了可行的框架，也同样可以为不同尺度的小城镇建成环境更新提供借鉴意义。Jon Lang 的四种实践策略分别是整体式城市设计（total urban design）、整体-局部城市设计（all of a piece urban design）、局部-局部城市设计（piece by piece urban design）以及插件式城市设计（plug-in urban design）。

由此可知，小城镇建成环境更新根据不同尺度来分，可以有五种实践：区域-集群式更新、个体-片区式更新、集群-个体式更新、片区-节点式更新、细节-微整式更新。各种尺度的更新方法，实质上是不断调整内部和外部关系的哲学辩证，一方面作为内部系统考虑整体发展策略和顶层架构，另一方面作为个体子项充分展现自己的自身特征。这样渐进式的逐级展开的更新方法，共性和个性协调，逐级展开和谐共生，具有高度统一性和逐级个性。

凯文林奇认为任何一个特定的城市都存在公共意象，这些城市意象内容可以分为五类元素，分别是道路、边界、区域、节点和标志物。道路可以是街道、步道、运输线、河道等；边界是将一个地区与另一个地区相隔的屏障或是相互联系的接缝线，譬如城市轮廓线的水体或墙体；区域是城市中中等尺度或者大尺度的组成单元；节点是一种空间结构向另一种结构转换的关键环节，可以是广场，也可以是一个中心区；标志物则是一些简单定义的实物如建筑、标识牌、树木等城市细节，有本地的特色，容易辨识[1]。

凯文林奇的五要素是站在一个城市的空间范围内，而本书小城镇建成环境的空间范围不仅仅是一个小城镇，而是从宏观集群超大尺度空间范围介入研究。故本书对于小城镇建成环境的划分以空间尺度大小为基本原则，从包含数个类似特征的小城镇建成环境集群作为宏观区域层面的研究主体，到个体特征鲜明的小城镇建成环境作为个体层面的研究主体。在个体小城镇范围内，又往下分出片区、片段、节点、建筑/景观单体以及微观元素。片区是指小城镇范围内不同功能分区，可以是行政区、高新商业区等；片段则是片区之下，以具体街区或者景观带存在，多为条状或重要界面划分，例如一段街道两侧建筑或者沿着滨水景观带等；节点是片段中重要的景观或建筑小系统，介于凯文林奇所描述的节点与标志物之间；建筑/景观单体是传统意义上完整单体建筑或景观地，与凯文林奇的标志物有重合之处；微观元素则是建筑细部或景观局部的更新。

（1）区域-集群式更新：是在一个区域相对较大，包含数个小城镇的集群内，由一个设计团队完成从区域总图到局部地块分图，再到建筑单体和景观的全套设计，并且由具有设计与施工两项能力的企业进行工程总承包的建设模式，在建设阶段由设计主导施工。通常设计工作包含内容多，跨多个学科，由规划师、建筑师、市政工程师、景观设计师等共同配合完成，保证设计始终引领施工。如浙江省开化县的"一县多镇"的小城镇集合打包成集群进行环境综合整治方案的设计和建设。

此类更新原先适用于城市大尺度复兴过程，一般适合由政府主导的，为带动某一落后区域的经济发展而进行的大规模的新城建设和产业搬迁；或者是私人开发机构主导的在郊区或废弃工业区进行的大规模住区建设。诸如，哈马碧滨水新城就是斯德哥尔摩市政府在老工业仓库用地上改造而成的内城的延伸，至今已变成代表瑞典乃至世界最先进科技与人居理念的现代居住新城。"哈马碧模式"之所以能成为现今称之为经典的人居资源循环模式，是它成功地将人们生活中的三类资源即生活垃圾资源、水资源与电热能源进行有机循环。

"哈马碧模式"之所以能成为现今可持续性城市设计的典范，是它成功地让老旧的工业区重新复活，它所包含的规划不仅是区域的规划，更有不同类型小社区规划模式设计。"哈马碧模式"是 Ulf Ranhagen 教授带领其团队边设计边建设的成果，他们在十余年的建设中，总结出了"共生城市工作方法"（SymbioCity Approach），一个可持续城市发展的概念框架。"SymbioCity"作为商标始于 2008 年，由瑞典贸易委员会管理。它也是一个瑞典向外出口可持续城市发展知识和经验的计划。瑞典国际开发合作署（Sida）委托瑞典地方当局和地区协会（SALAR）促进和发展"SymbioCity"方法。

（2）个体-片区式更新：全称是个体（小城镇）到（小城镇）片区尺度层级下建成环境可持续更新策略。单个的小城镇因其发展阶段较其他小城镇有明显的差异点，也可能是城市郊区的小城镇开发主体缺乏足够的财力连片完成，故在这样的情况下，小城镇建成环境更新不能以集群层面整体建设，更适合以单个的特色小城镇进行开发建设。

（3）集群-片段式更新：全称是（小城镇）片区到（小城镇）片段尺度层级下建成环境可持续更新策略。比如开化县杨林镇就划分为生活宜居示范区、国学文化展示区、休闲旅游风貌区三大片区。在生活宜居示范区内，划分了商业生活街和迎宾展示轴等作为此片区的关键片段构成。片段可以是重点界面的划分，也可以是重要轴线的布局，具有很强的线性特征。片段的打造形成了片区的围合界面，可以是通透的景观界面，也可以是建筑界面或者基础设施形成的界面。

（4）片区-节点式更新：全称是（小城镇）片段到（小城镇）节点尺度层级下建成环境可持续更新策略。小城镇镇域范围内的片段到节点尺度，更多是平行的空间概念，一个是线性的布局，一个是点状的构成。两者相得益彰，都是在片区概念下细分的小城镇空间构成概念，共存于同一小城镇镇域范围内，在片区范围内构成丰富的小城镇建成环境的不同层级维度。但是也有重要城镇的节点，是和片区平级的重点关键区域，见图4-26。具体的更新项目布局的方式，往往是基于重点片段和节点的空间构成而准备的。

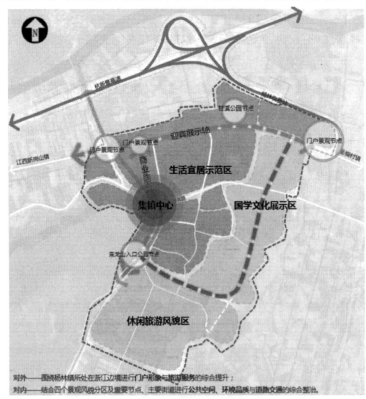

图4-26   以开化县杨林镇为例展示小城镇镇域范围内片区-片段-节点的区分示意

（来源：团队绘制）

　　围绕片区-片段-节点的具体分析结构，开始通盘准备具体哪些项目适合实现建成环境的可持续更新，见图4-27。这是在整体与个体片区层面之外的点状复兴，例如小城镇内部某一街道，因为更新的客体不具备在尺度和规模上大发展的可能性，或者现状相对良好，没有大型改造的必要，只需要进行小型的修复，也就是采用了以点代面的更新方式。选取若干区域，划分出若干个需要更新的，且可以独立建设的点状区域，针对其不同的发展特点进行城市设计。最终随着各个点状区域的更新，整体小城镇的风貌也必然相应改变，这样的方法适用于小城镇建成环境的一些重要的节点的更新。当然也必须注意，不能因为过于重视物质环境和经济更新而忽视社会和文化层面的保留与修复。

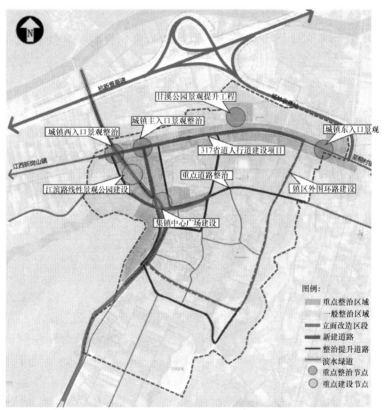

图4-27　开化县杨林镇基于片区-片段-节点的更新项目分布图（来源：团队绘制）

　　（5）细节-微整式更新：是实践中最有适应性和灵活性的更新。它有两种不同的实践方式，一种是"被动式"的细节更新，指的是因为整体小城镇的更新，带动周边的建设项目，例如公共交通，也可能是人工的生态体系，又或者是区域文化、经济中心，如休闲公园、步行街等。细节更新还有一种方式则是"主动式"更新，指的是对现有老建筑进行改造，或者是选择重要的位置，进行彻底拆除重建，发展为新的项目，为周边环境带来活力。通常我们对历史建筑的保护和修复可以当作细节更新，必须认识到，所谓的历史建筑保护是传承当地文脉的"真古董"，而不是从异地搬迁而来的、形似神不似的仿造建筑。

4.4.1　区域-集群小城镇更新

区域-集群式更新在2015年德清的村居建设规划设计研究时就开始关注。传统规划的尺度概念往往集中于单个城市、城镇或者乡村，缺乏大区域下的多维度分类特色考虑，导致千村/镇一面，且容易造成建筑风格、产业特色都跟风盛行，很大程度上问题在于区域-集群尺度的研究和把控的缺失。就尺度而言，为"规划之上"的尺度，就是在单一乡镇规划设计之前，需要有更宏观的分类思考和规划。类似于城市集群或者都市集群的研究衍生于小城镇集群尺度的研究。这一研究从一开始即将小城镇的发展和产业予以多元化，打破相似同质化小城镇雷同的可能性。

比如衢州市开化县小城镇的系列区域和集群规划更新策略下，一开始就按主题细化每个小城镇的特质特征，总结成15个风格各异、特征鲜明的乡镇：钱江净谷、人文马金、看山望水、茗香齐溪、农趣小镇、九醉池淮，关隘古镇、水墨杨林，清新古田、好运苏庄，千年华埠、产业新城，林间小驿、山里人家，双溪水岸、花园音坑，乡田驿站、首善篁岸，千年梅情、养心中村，桐花小镇、花韵桐村，钱江源头、鱼香何田，阳光小镇、七彩长虹，怀旧复古、老家村头，幸福山乡、生态大溪边。

在此基础上进一步将县域发展功能分为6大板块，分别为国家公园生态板块、关隘文化板块、休闲文化板块、创意农业板块、户外探险板块和综合旅游板块。齐溪镇、苏庄镇与何田乡依靠钱江源与古田、台回山脉，重点打造国家生态板块的小城镇。杨林镇与桐村镇占据南华山两侧，关隘文化特征明显。马金镇、村头镇与大溪边乡围绕古村落发展休闲文化。长虹乡、中村乡与音坑乡农业资源丰富，争创省级农业产业园。林山乡依靠古村奇峰资源，促进户外运动旅游产业发展。池淮镇以山水为特色背景、农趣为导向，9种特色综合发展。从根本上科学定位了小城镇集群的顶层设计和方向。

在宏观区域-集群的更新实践指导下，将产业业态发展的维度渗透到各个乡镇的分布进行研究和定位，形成了比较合理的集群分布规划。详见图4-28、图4-29。

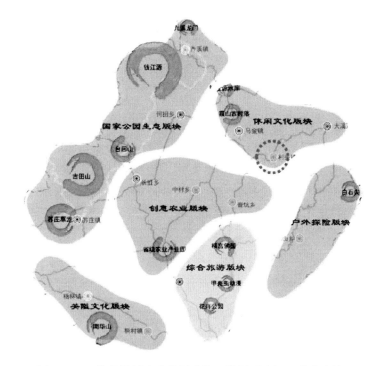

图 4-28　开化县县域产业发展功能区块图（来源：笔者自绘）

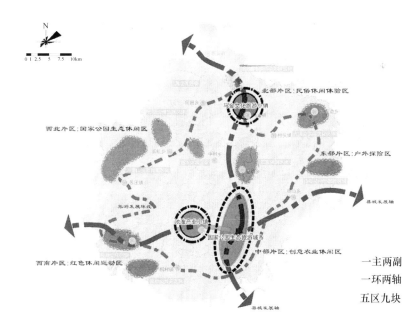

一主两副
一环两轴
五区九块

图 4-29　开化县五区九块发展图（来源：笔者团队绘制）

在德清的研究过程中，作者打破了村镇县三级行政区域层级逐级规划的传统划分方式，转而用地域化宏观文化区域特征的辐射度来划分村居建设差异化的微观体现（图4-30）。将泛太湖流域水乡湿地风貌建筑特征的德清东部水乡，泛莫干山山地建筑特性的德清西部地区以及南部泛下渚湖湿地建筑类型综合考虑。但这毕竟只是在规划设计思考之下，由建筑风貌特征和文化特质相对应的单项研究，是一种自发的萌芽状态的思想。而在这种萌发的思想驱动下，希望可以更具环境特质，构建相应的建筑风格数据库，形成建筑风格按照大区域-集群尺度考虑的初步的思想。这次小城镇环境综合整治行动开始之后，根据新型工程模式下 EPC 和 PPP 业务的兴起，通过很多实际项目的操盘，也是超尺度的需要，区域-集群下的考虑和分析与德清实践不谋而合，同时又提出了更多维度需求下更深刻的实践性要求。

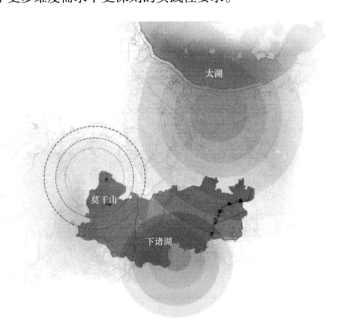

图4-30　德清建筑风貌特质宏观辐射图（来源：笔者自绘）

再比如在柳州城中区的环江村15个村屯的区域集群规划中，黄色区块是生产体验区，包括油炸屯，半岛观景平台与泥步屯，结合沿江的农田和果林，将该区块打造成以体验浏览为主题的功能区块。蓝色区块为村屯民俗区块，包括东流屯民俗长廊、深水屯湿地体验、雷村屯龙眼新风貌、田野观景台和龙村屯码头景观，结合每个村屯的民居、果林、池塘以及与之相关的农田生产体验、民俗活动。良塘驿站平台往南到三门江广场，以新城风貌为瞭望点、以沿江开阔的视野为主题打造新城展望区块。相关详细情况见图4-31。

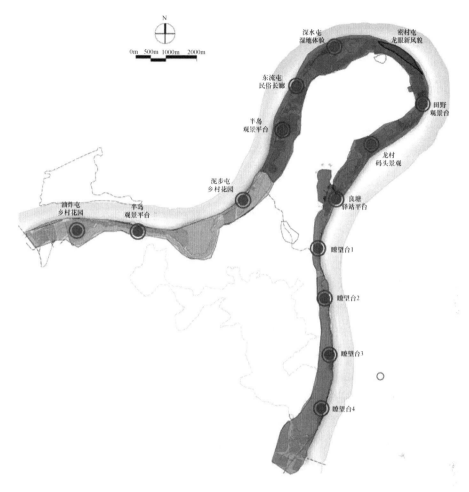

图4-31　柳州市环江村莲花景区村屯集群功能分区规划图（来源：笔者自绘）

4.4.2　集群-个体小城镇更新

集群-个体小城镇的更新研究，把握的是小城镇集群群体特征与小城镇个体特色的辩证关系，是区域特征体现和个体特色彰显的和谐统一，有利于区域产业的打造以及特有物质文化特征的细分发掘。

比如丽水市庆元统一考虑区域集群化小城镇建设，进行规划分类，形成主题各异，特色鲜明的19个乡镇：铅笔小镇竹口、水韵新窑、竹韵黄田、田园淤上闲云悠水、竹源隆宫、浙闽边驿山水安南、花情水韵浪漫安隆、高原小镇风光荷地、香樟小镇鱼乐左溪、慢生活贤良、人文举水浪漫月山、古道探幽五大堡、菇城后苑亲水后广、乡田驿站隐居岭头、山中水乡轻居张村、浙闽边邑茶香龙溪、匠心石乡下美丽江根、红色追忆峰上官塘、避暑乐氧百山祖。每个小城镇的更新策略既隶属于区域整体发展策略，又有各自发展特征，形成和谐统一的宏观策略和个性。

4.4.3　个体-片区小城镇更新

个体小城镇-内部片区式更新通常是某一区域因为其发展阶段比较有特色，也可能是城市郊区开发主体缺乏足够的财力连片完成。广西柳州市城中区环江村的风貌改造项目属于莲花山片区，是有着龙城绿心之名的风景区，其更新打造能体现个体-局部式更新的细致与独特之处。

柳州是广西重要的区域中心城市，是广西工业名城、历史名城、文化名城、旅游名城、体育名城和国家园林城市。柳州地处柳江中游，柳江自西北方向穿绕城市向东南方向流去，市区山环水绕，山水秀丽。柳州市总体规划将莲花山景区作为城市的"绿肺"进行远期发展，以期形成新的"绿心城市"，即以莲花山景区为"绿心"，城市围绕绿心向东扩展，见图4-32。随着市域空间外拓、人口集聚，莲花山村落与城市建成区在空间形态上的关系日益紧密，莲花山风景区理应从单一郊野型风景区转变为联结、调和新旧城区，重新定义城乡协同发展的复合型都市绿心，承担起生态绿色功能与产业振兴功能。

图4-32　柳州市莲花山片区空间区位图（来源：笔者自绘）

绿色生态四大发展策略为：塑龙城盆景之山，扬百里柳江之水，植万亩疏朗之绿，建柳州特色之乡。在开发构建莲花山片区产业体系时提出：以自然为出发点与落脚点，结合人文、历史与现代产业发展的要求，追求平衡、融合、有序的产业开发与模式创新，激发地区产业活力的原则；确定了旅游主导、特色农业和乡镇改造提升为主体的多业融合的产业发展总体思路。

旅游休闲产业发展，必须要以原有村庄的风貌改造为落脚点。产业的造血输血及健康运行发展离不开物质环境的提升，更离不开村镇建成环境的优化和传统风貌的复兴，风貌改造与产业发展是相辅相成的。在雷村屯为核心的旅游度假观光区作为整体片区的驱动示范区需要进行更新改造时，抓住风貌改造与产业发展协同发展总轴线，进行分项分类更新设计。

雷村风情区位于环江规划区块中部，在功能区块上被划分为村屯民俗区块。同时地理位置上处于"拇指"顶端，规划角度上为统领整个区块的核心区。拥有优越的百年龙眼树林，村落布局颇具特色，有村口池塘、村中广场、江边渡口码头，骑行道分别位于村落两侧，贯穿整个村落，码头位于村落中部。雷村屯作为整个环江村行政所在村屯，社会文化资源丰富，社会功能完整。

访谈法调研：设计人员在解读村落现状挑战中，除了在地田野实测、文献阅读之外，与村民交谈、了解他们的意愿的访谈式调研也尤为重要。对访谈调研的笔记进行整理分析，从建成环境现状提问，总结得到完整的关于村民对建成环境更新的真实意愿。

经过实地田野观察后，对雷村屯基本现状了解清晰。村落整体缺少规划，处于原始形成状态，缺少串联村落关系的景观节点，村落重点不突出。建筑体量和场地环境交接不明确，且风貌有待改善。交通组织混乱，缺少停车区域。村落中景观、建筑、文化教育配套设施与周边优势的自然环境不协调。公共文化设施过于集中在村委区块而不利于村民互动。实地访谈得到的关于雷村屯建成环境现状和更新维度的情况见表4-2。

表4-2　实地访谈的田野笔记分析

调研对象	基本情况	问题了解	现状与愿景分析
吕大哥，30岁	和爸妈住在雷村屯，哥哥在柳州市区	村里分配和承包不均衡，资源和道路开发相互影响	整治物质环境的同时，创造创业致富机会，提高村屯经济水平

调研对象	基本情况	问题了解	现状与愿景分析
李奶奶, 80 多岁	一人独住村里, 4 个儿子住在柳州市区	一生在雷村屯生活, 植物产业和田地作物	人口流失严重, 雷村缺乏可持续发展的产业结构; 增加老年人基础设施, 关爱养老环境
吕大娘, 50 多岁	与一个儿子住在雷村屯, 另一个儿子在市区	村里建筑的建造情况, 改造意愿, 改造建设对生活的影响	建筑外形美观性的需求, 提升经济产业和致富需求, 提高生活水平
戴大爷, 76 岁	一人独住村里, 两个女儿均在外地和外省	雷村屯历史变迁, 历史事件、文化, 池塘古树的历史	保留古树, 挖掘更多历史文化, 留存雷村的味道

　　从田野备忘录的整理中, 我们不仅看到了村民对物质环境建设的需求, 更多的是对生活水平提升的愿望。这样的愿景也折射了建成环境更新不仅是物质环境的改善, 更需要满足社会文化需求。雷村屯大部分人口主要通过外出务工为谋生手段, 村落耕地主要种植时令蔬菜, 人口的流失造成了产业发展缺乏劳动力。对外商业和旅游配套缺少, 经济产业结构单一, 所具有的自然资源欠缺开发和利用。故雷村建成环境更新所涉及的维度包括生态环境、空间结构、基础设施、历史人文风貌、产业结构与发展。

　　综合文献阅读、现场视察、访谈调研之后, 对雷村屯现状的解读可以归纳为: 拥有良好的自然生态环境, 雷村屯依山傍水, 全村可用"山、水、林、田、乡"的生态景观来形容, 见图 4-33。大量百年龙眼树是差异化发展的有利资源优势, 是雷村屯发展休闲旅游业和文化旅游的资本与契机。大区域下的规划环境是其发展方向上巨大的推力。然而, 所在区块开发较迟, 许多配套设施不完善, 村落建筑缺少当地特色和基本的美观。随着工作压力的增大和消费水平的提高, 度假旅游需求呈上升趋势, 消费方式日趋成熟, 消费结构正从生存型向享受型、发展型转变。雷村屯作为环江村重点示范村, 政府给予大力支持, 为乡村建成环境更新创造了条件。如何避免村落改造只是简单的穿衣戴帽, 如何通过引入产业经济改善村落产业结构, 使得村落改造形成一个可持续发展模式是雷村屯风貌改造的现实挑战。

图4-33　访谈调研（来源：团队拍摄）

　　以政府主导、设计院提供技术支持，村民参与和市场为主体的开发形式，从环江村实际情况出发，依托城中区资源，整合自然、文化与休闲产业，以多重目标的愿景式规划为总体策略。通过规划设计作为整合平台，引导和塑造"生态创意型"乡居生活模式，探索产业链依托下的可续性发展模式。设计手法上将采用点线结合、叙事性空间解构、织补修缮。村屯内的牌坊、古树都述说着一个个久远的故事，池塘边的亭子是带着集体记忆的公共空间。让村民参与营建的过程，正是让公共空间的改造设计变成对叙事性空间的理解。

　　织补修缮源于瓷器修补技艺"金缮"，是在破损残缺处修护及完善，并且更高层次地追求艺术的美感。这样的手法不是对乡村简单粗暴的重建，而是尊重自然、人文的修缮和植入；不是对原住居民生活的重构，而是外来人口与原住民的共融和共生；不是对传统产业的抛弃，而是新旧产业的互补和提升。

　　村落整体建筑密度较高，间距较小，公共空间受到极大压缩。住宅多为新建砖混楼房，质量一般。少数建于20世纪70—80年代，质量较差。此外还有少量木土混合结构的老民宅，部分废弃或转为储存等用途。建筑风格多样，沿道路界面较乱。围栏材料风格多样，庭院景观维护较差。

建筑现状与改造手法见表4-3。

表4-3　建筑现状与改造手法

建筑类型	现状与分类依据	改造手法
一类建筑	质量较好，风貌较好，外表面已有瓷砖、石材等，具有一定的公共功能	保留和完善原立面材质，重刷颜色，调整为灰色、木色为主的传统色系；替换门窗构件，整体保持木质花格风格一致；营造公共空间和政治场所环境
二类建筑	质量较好，风貌一般，外立面为素混凝土，带有院子，多为建筑群体	除了上述手法外，适当加设如装饰画、木板类的外购件；着重对庭院、围墙进行设计改造
三类建筑	质量一般，风貌一般，外表面素混凝土，无院落，建筑主体完善，高度为两层	平屋顶改造为坡屋顶，加建部分确保其安全性；外墙粉刷，门窗构件替换，将冰冷僵硬的保笼进行优化；底部加设花坛
四类建筑	在三类的基础上，建筑仍在建造中，高度为三层	除三类建筑改造手法外，需完善建筑，山墙增设木条贴面，丰富当地元素展现；进行底部场地营造设计；原有散乱构件进行统一归类整理
五类建筑	质量一般，风貌较差，主要为放置杂物的临时棚屋，结构简单，功能单一	根据位置和功能决定拆除或保留，拆除棚屋做好场地营造，保留棚屋对外表面和场地重新设计；保留木结构形式，对木构件进行刷漆防腐处理；墙面进行粉刷，门窗进行整体调整；构件仿照传统元素进行改造
六类建筑	质量较差，风貌较好，原有老旧建筑具有明显建筑特征和结构形式	保留建筑的结构和特色风貌，以建筑织补和场所营造为主；红色瓦面替换为深灰色小青瓦屋面、门窗改造为传统木质花格风格；以加法为主，少做减法

针对调研对象之一李奶奶家的老建筑进行改造，将部分建筑区域增加商业功能，结合老建筑形式，改造为一个茶亭驿站。李奶奶家建筑位于骑行道沿线，将居住与经营相结合，李奶奶可以后院居住，前院卖凉茶、当地点心，不仅为沿途经过的骑行人员提供休息饮茶小站点，还可以促进居民与行人的沟通，增加生活趣味，见图4-34。东侧设置为入口，设计招牌、

设置自行车停靠位与画廊。建筑前场地的茶饮座位之外，以老树为中心设计围合状木质座位，建筑前摆放充满乡土气息的瓶瓶罐罐烘托随意舒适的气氛。

(a) 老建筑现状况图（来源：团队自摄）   (b) 老建筑改造意向图（来源：笔者自绘）

图 4-34　李奶奶家老建筑现状图和改造意向图

　　点线结合主要针对骑行道路与沿路景观的改造设计。未经修缮的骑行道路不仅路面不平整，周边景观更是杂乱无序，沿江景观视线受到影响，使得景色得不到充分利用。景观带树木繁杂，缺乏梳理，建筑立面较为原始，缺乏与景观的互动。改造设计中主要修缮骑行路面，梳理道路旁景观带，采用土坡加青石，上部种植灌木的方式，以增加沿路景观的层次。穿越骑行道的乔木以树池作为围护结构，沿路建筑外立面进行统一粉刷和窗框的中式改造设计。

　　村口池塘区是一代代雷村屯人生活、回忆的公共空间，然而随着岁月流逝，整体物质环境日益恶化，安全措施少，村落归属感缺失。公共空间的叙事性几乎找寻不到。故在本次改造中，团队提出设立传统寨门形式的牌坊，增强标识性，也使整个空间进退有序，形成了相对开阔的村落入口广场。丰富周边植被景观，降低马路对村落的噪声影响，加强村落基础设施建设，如增设路灯、栏杆，提升村落整体形象。池塘水质混浊，道路与水景割裂，缺少有序的景观结构和肌理。水面缺少视觉中心，村民与实体没有沟通的空间，缺乏生气，见图4-35。

从村中老人口中得知，池塘内曾有一棵大榕树非常有灵性，斜着身子从岸边沿着水面生长，是村里许多人的共同记忆，很多人曾经在榕树下赏月品酒，孩童们开心玩耍。但是老榕树在后来的建设中被砍伐掉。这样的信息给了设计团队创意的来源，要给村民一个回忆的空间，一个交流的空间。于是临水的湖心亭应运而生，叙事性空间在入口池塘区成了故事开始的地方。一方面纪念老榕树的存在，另外一方面将老榕树的遮阴庇护风雨的公共空间功能转换到更加方便和安全的亭子中来。

(a) 雷村屯村口现状图（来源：团队拍摄）

(b) 雷村屯村口改造意向图（来源：笔者自绘）

(c) 雷村屯村口湖心亭改造意向图（来源：笔者自绘）

图 4-35　雷村屯村口现状图与改造意向图

4.4.4　片区-节点小城镇更新

"城市片段"（Urban Fragment）是 SUIT 报告提到的一个城市保护对象概念，也正是被抽取的关键要素。有一定价值的形态、建筑和社会风貌的城市区域，会受到居民和游客的认可，通常具有建筑学、形态学或社会学意义上的一致性特征。对于小城镇而言，片区、片段框定的范围通常是一些历史街区和传统社区，这些区域与环境整体的一致性以及历史特性要求我们必须进行保护式更新。当下，城市规划师、建筑师越来越多地利用数字技术，而对于城镇片区（precinct/fragment）这样的尺度的设计，他们没办法完全贴近理解他们想要设计的空间。从建筑设计到片区设计，这不是简单的空间扩大，而是如何更好地理解作为更复杂更宽广的城镇建成环境的一部分，理解建成环境中每一个组成部分以及它们之间更深远的关系。片区-节点更新的几何边界确定并不是我们讨论的重点，我们的着重点是理解和表达各组分存在的意义以及它们之间的关系。

1. **策略分析：保持历史街区空间组织和空间结构模式的延续性，尊重历史环境的文化脉络**

拉普卜特认为，"对于任何给定的场合，都存在某些核心因素（相应于文化核心因素），当其他外围因素发生变化时，这些核心因素保持不变[113]"。相关案例的研究发现，这些固定元素的组织方式（空间组织）似乎比住所的形式本身更重要，它涉及文化的核心价值，而且与周围其他环境形成对比。

现在历史街区改造的普遍做法是：文化圈地，原有的居民全部被要求搬迁，提高搬入门槛，致使原有的生活形态崩解，建筑变为一堆材料搭建的空壳，丧失了日常生活的琐碎气息，丧失了生命活力，毫无内在支撑，在博物馆逻辑中被修缮、还原和改造[114]，变成商业的街区，成为没有生活气息的标本。其实大部分使用者对于这样的做法是持有反对意见的。生活记忆不复存在，建筑功能不再实现，从长远的角度看，改造后的物质环境也终将会随着生活氛围和活力的丧失而逐渐衰败。

在华埠镇中心片区的空间环境中挖掘场所的历史信息，对存在的历史事件进行重新编写，以时空路径串联相关的重点节点，点状激活居民的公共休闲生活。历史街区的整治中，必须是延续建筑风貌，对建筑构件细节化，重点营造街区整体沿街立面意趣，见图 4-36 和图 4-37。

图 4-36　华埠镇兴华街商业街现状图（来源：团队拍摄）

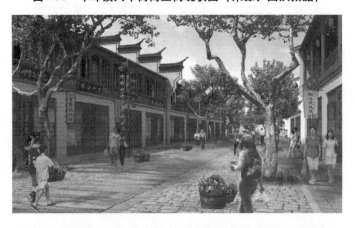

图 4-37　华埠镇兴华街商业街改造后效果图（来源：团队绘制）

片区边界的确定并不困难，但如何恰如其分地利用这些空间序列，帮助我们理解复杂的小城镇建成环境的行为以及预测片区未来发展的行为才是重点。通过对历史街区建筑肌理的梳理，归纳出多元化的街巷空间，形成丰富多变的空间序列。对沿街街巷进行空间设计，凸显镇区空间的多样化，为镇区空间发展带来更多可能性。图 4-38 即为 10 种街巷空间序列的还原。

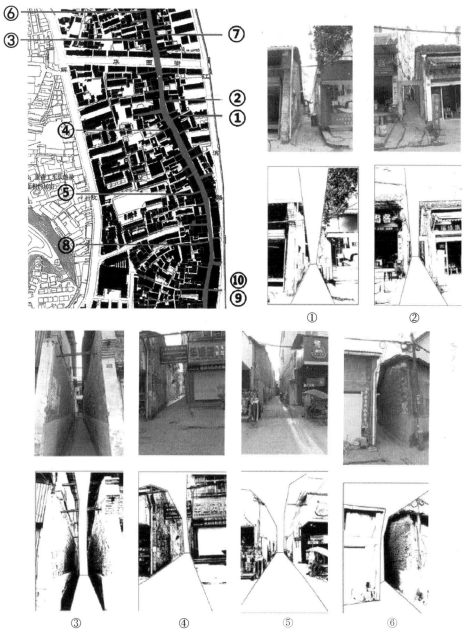

① ②

③ ④ ⑤ ⑥

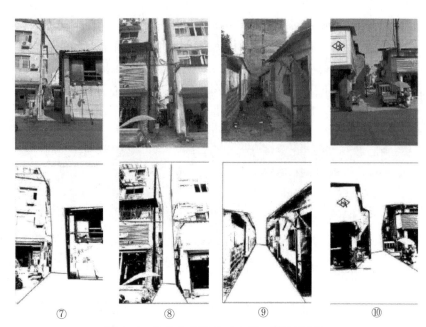

⑦　　　　　⑧　　　　　⑨　　　　　⑩

图 4-38　街巷空间梳理（来源：团队绘制）

2. 适度引入商业空间

遍布城镇各个区域的小商业活动以及相关小商业空间向人行道蔓延的问题，不是靠单纯的物质环境的提高就能解决的，也不意味着将穷人赶出市中心就可以使城镇更美好。有人活动才有了活力，正如朱大可先生在《乌镇的乌托邦》[114]中所言，"其间既无城镇的人声喧闹，也没有乡村的寻常声响，没有乡村惯有的虫鸣、蛙叫和人声，没有一切活物的声息，甚至河流都终止了呼吸，冻结在时间之夜的深处"。各地已经被打造起来的小城镇也只是被封闭起来供游客观赏游览的器物，而不是流动的环境。西方发达国家的相关研究和实践表明，城市混合居住模式有利于社会和谐和社会生活正常进行。在历史街区保留或适度引入小商业活动是必要的，有利于原有文化脉络的延续。而且，再次印证了历史街区原住民强行搬迁的不合理性。

马金镇老街的商业不仅是展现历史记忆的空间，更将现代生活融入其中，令居民和游客在这一场所可以和谐交流，刺激经济的发展。在建成环境的整治中，注意外立面刻画的同时，整顿商业业态、鼓励高品质商业模式，对于像五金维修等破坏沿街风貌的业态实行重点细部改造，见图 4-39 ~ 图 4-41。马金镇的打铁铺改变了原有脏乱的环境，以原有空间为基础，结合展览展现打铁铺的阳刚之气与传统技艺。编织技艺铺结合了建筑本身功能，延续编制技艺施展功能，辅以绿林竹意，将其作为参观及学习记忆之所，也可以作为马金文化特色产品售卖之地，既知趣又带活经济。茶馆设立在马金老街与观音路交叉口，结合传统建筑经典细雕的工艺，在品味老街的古朴风情同时，丰富周边居民生活，让人们体验悠闲生活。

(a) 打铁铺现状图 (来源：团队拍摄)　　　(b) 打铁铺改造意向图 (来源：团队拍摄)

图 4-39　打铁铺现状图与改造意向图

(a) 编织铺现状图 (来源：团队拍摄)　　　(b) 编织铺改造意向图 (来源：团队拍摄)

图 4-40　编织铺现状图与改造意向图

(a) 茶馆现状图 (来源：团队拍摄)　　　(b) 茶馆改造意向图 (来源：团队拍摄)

图 4-41　茶馆现状图与改造意向图

3. 适度引入公共空间

国际知名的城市设计专家杨·盖尔认为户外空间的活动是城市中最吸引人的因素，他认为，"无论在何种情况下，建筑室内外的生活都比空间和建筑本身更根本，更有意义"[115]。在历史街区内，尊重历史环境文脉的前提下，营造现代文明所需的公共空间是必需的。

除了对空间序列的还原，引入适度的商业之外，也会设计一些公共休闲空间，设置一些景观小品。在华埠镇兴华路、江滨路的街巷更新中，采取了墙绘的方式描绘华埠镇老街的场景，叙述华埠历史故事；设置了"华埠古埠"牌坊，唤醒历史古镇的记忆；放置"纤夫"雕塑，增加空间节点的丰富性，还原历史场景；水渠的设计，将历史故事、牌坊与雕塑联系起来，形成真实的休闲空间场景，见图4-42。

图4-42 街巷空间改造——引入公共空间（来源：团队拍摄、绘制）

4.4.5 细节-微整小城镇更新

常青院士在几个工程设计案例中提到一些策略，如何在保护与传承文化遗产本体的前提下，融入当下的创造与创新。他在海口南洋风骑楼老街区整饬与再生设计中提到了三点式设计要点[96]：

（1）"整旧如故"，通过材料面层的检测分析，将中山路从样式、材质、色泽诸方面恢复了一楼一色的历史风貌。

（2）"修旧如旧"，对博爱北路和水巷口的骑楼修复则强调"古锈"的沧桑感，对骑楼"毛竹筒"形态的内部空间提出了改善设计方案，且已对中山路上的天后宫做了纵深修缮。

（3）"补新以新"，在骑楼街区北缘的骑楼外滩—长堤路改造中，保留加固老骑楼，拆除破坏风貌的低质建筑，增建古韵新风的创意新骑楼，尝试了新旧拼贴的设计创意，并顺应海口气候特点，在新建筑中体现了凹廊、天井、冷巷等外部空间的环境因应特征。

华埠镇建筑改造中，原有的多层建筑因保存较好，考虑到整体建筑风格的统一，只在原有建筑里面外墙上增加中式建筑元素的特点，利用重檐的形式丰富沿街街面视觉效果，见图 4-43。考虑到人行走时的视线停留以两层为主，在原有四层建筑外加建一圈两层的中式檐口，以统一整体风格，见图 4-44。

(a) 建筑现状图（来源：团队拍摄）　　　(b) 建筑改造效果图（来源：笔者自绘）

图 4-43　沿街建筑外立面现状图与改造效果图

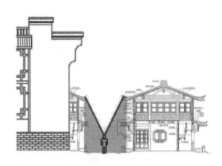 

(a) 视线原理（来源：团队拍摄）　　　　(b) 改造手法（来源：笔者自绘）

图4-44　按照人的视觉原理进行改造

4.5　小城镇建成环境可持续的环形更新

改革开放四十多年来，我国建筑业迅猛发展，尤其是伴随城镇化，城市发展建设空前活跃。因此，提高建设质量和设计水平是应对当下全球挑战和市场竞争的当务之急。在探索建筑学科学化发展的过程中，建成环境评价研究受到学术界的重视。不断有学者开始利用科学评价法研究建筑质量的提升、设计方案的优化以及建筑设计理论的重构。建筑设计学科在交叉学科思想的影响下，正从传统上依靠专家知识和经验的模式向科学化、定量化和综合化方向发展。"融贯"的思维使建筑学与现代技术科学进一步综合化、整体化[116]。

人们或许可以做出所有的正确的战略决策，规划理论也许没有瑕疵，但空间中的实际物体，并不是一个令人满意的环境，这样的情况并不少见。故而我们需要不断修正规划与设计。随着全球化进程，国内建筑学也在不断吸收国外先进经验和技术，建筑设计也从满足物质环境的需求，开始向精神文化层次需求发展。由此引发出对建成环境评价（Evaluation of Built Environment，BEE）的研究。它是指对所设计的场所在满足和支持人的外在或内在的需要及价值方面的程度判断，扎根于环境使用者对环境价值的评判。作为一种严格利用系统的方法对建筑（户外空间）进行评价的过程，其应用范围极广，概括说来，主要是建筑设计前期评价（Pre-design Evaluation）和建筑使用后的评价（Post Occupancy Evaluation，POE）两个方面[117]。

通常一个结构一旦确定，就应该有一种对应的方法来表明其发展是否取得了进展。如果不能证实小城镇是否可以在可持续发展的方向得到提高，就不能证明我们现在关于建设和发展的决定是否正确，故而没有评价就无法监督进展。但也必须区分衡量与评价之间的区别：衡量包括变量的确定、技术上适当的数据收集和数据分析方法的利用；评价则是与价值密切相关，是主体对客体与主体间的价值关系的判断[117]。所以我们并不是简单地对建成环境进行衡量，而是评价，研究价值意义，研究主体与客体之间的关系。

4.5.1 建成环境主观评价的意义

目前建成环境评价主要分为主观和客观：主观主要从主体的认知、感官入手；客观主要是测量客观环境的物理性质和外显行为等方面。对于建成环境而言，事物有时候并不能被我们精准地衡量或者呈现绝对价值。绿化面积大小、二氧化碳排放等物理实体可以通过确定的测量方法进行评价，但社会问题、人类行为或者说环境给人的感觉，是无法得到精确的答案的，更多的是描述性的结论。此外，提供以人为核心的参照数据可以更好地完善和发展设计理论，主观的评价可以检验设计预期实现的程度。故本书选用主观评价而非客观评价，也是为了在吸收西方使用后评价的理论之后，能在国内更好实践，扩大使用后评价（POE）的应用功能，以期能在设计阶段反馈设计预期的实现情况，以及后续建设中设计理论与方法的不断提升。

在朱小雷[117]的论文中，已经非常详细地对建成环境主观评价（Subjective Evaluation of Built Environment，SEBE）进行阐述。他强调建成环境主观评价是以使用者需求为基础，从人与环境相互作用的角度，依托物质要素和社会要素这两大系统，以人们的主观感受的平均趋势作为评价标准的一种环境评价。他给出的关于建成环境主观评价的定义是"利用科学系统的方法，收集环境的使用者对环境状况的主观判断信息，以使用者的价值取向为依据，对环境设计目标的实现程度进行检验，并对建成环境在满足和支持人的需求方面的程度做出科学的判断，为环境设计、管理和建成环境的改进提供客观的依据。"

建成环境主观评价是一种具有工具性、应用性的技术学科。评价不是最终的目的，环境价值的实现才是最终的目标。建成环境评价理论思想的发展是随着建筑学、城市学理论和实践的经验知识不断发展，并且不断吸收科学技术学科和人文社会学科的相关知识，对建筑科学的理论研究和设计实践的意义也日益明显。

故而，建成环境主观评价的意义就相当明显了：它用科学系统的方法来评判设计的合理性和实现度，完善了设计方法基本思想[118]；将设计思考的角度从二元视角转变成"人-建筑-环境"的多元系统，扩宽了设计师的思路；克服了设计的经验主义，提高了决策的科学性和建设过程的管理效率；进一步完善了设计与实施的循环过程。

将使用后评价作为设计反馈机制的工具，是因为我国建筑建成后的技术质量评价是有相对成熟的工作流程的，但是使用者行为心理对建成环境的反馈性研究程序仍然空缺。建成环境使用后主观评价的使用，有利于完善建设过程体系和建成环境更新结果的持续关系，而不仅仅是照搬西方的 POE 方法。

当前我国以设计反馈为目的的主观评价参与者较为单一，大多是专家或者是部分使用者，没有涉及政府主管部门、设计师、业主、项目管理者、施工方和各阶层的使用者。针对尺度相对单一且大多数评价都是在学术界进行，缺乏实践性支持。故本书提出在各利益体中选择参与者，囊括建设项目的各类参与者进行综合评价，使小城镇建成环境更新的设计方法和策略能真正持续得到改善，使得小城镇更新可以能满足使用者的需求。

4.5.2　建成环境使用后评价与更新方法的关系

使用后评价是西方建成环境评价的中心概念，英文为 POE，全名是"Post Occupancy Evaluation"。POE 在西方已有 70 余年的发展历史，产生于第二次世界大战后寻求经济复苏的西方国家。当时的西方国家科技快速发展、生产力水平迅速提升，但随之而来的是城市人口的激增引发的一系列城市生态、资源和环境问题。人们在单纯追求经济利益付出了惨痛代价之后，开始意识到人与自然和谐共存的可贵，追求可持续的生活环境，热爱自然成为社会主流意识。这样的背景下，人们对城市设计、城市形态、建成环境有了新的要求，设计师面临的挑战也越来越大。传统的设计方法在新形势下无法适用，建成环境包含的环境学、社会学、心理学等人文社会科学也直接影响了设计理论，从而为 POE 的产生奠定了基础。

POE 在西方 70 余年的不断发展，说明它的确是一种强有力的设计辅助工具和科学的设计思维方式。POE 把对设计成果的检验与设计策划和计划衔接起来，使设计过程不再遵循"策划—设计—实施"这样单一线性的程序，而是经历"评价—策划—设计决策—设计实施—使用后评价"的循环过程，使设计程序更为合理化、科学化。它是以使用者群体的价值取向作为评价的出发点和归属，强调用科学的方法来评判设计结果的合理性，以科学的分析方法把评价结果推广到新的环境设计中。不以少数专业人才的看法来评判设计结果，而是依据使用者的认同，以实证的角度看待问题的解决，这也是传统建设模式传统设计所缺乏的。

使用后评价在国内实施遇到的阻碍主要是建筑设计市场的功利主义与浮

躁风气。设计者为了拿下项目而迎合投资者的品位，只重经济效益，只看建筑外表，建筑风格与当地环境严重脱节。社会需求和使用者的感受未得到真正的重视，甚至是忽视。而这些阻碍使得使用后评价的实践也就只能依靠政府投资的作用。POE 作为一种对投资效果的评价手段，结合项目后评价进行。针对当前我国的国情，在政府投资的建设项目中实施 POE 作为试点，更易控制和协调，而且项目类型比较丰富。

在美丽乡村、小城镇建设中，有不少优秀的设计作品已经开始体现地域特色和文化内涵，而这种设计正是走上科学化道路的开端。使用后评价作为设计反馈机制，对小城镇更新策略的提出提供了完整的管理与改善手段，有利于小城镇可持续发展。

4.5.3 小城镇建成环境可持续更新评价方法

1. 层次分析法的选择

建成环境的评价其实归根到底是对"人-建筑-环境"这一复杂系统的评价，故而建成环境主观评价必然是多因素多层次的综合评价。这种系统的综合评价就是将复杂系统分成简单的子系统（目标评价因子），使之可以分析、量化评分，然后得以综合分析得出结论。

20 世纪 70 年代，美国运筹学家、匹兹堡大学教授萨蒂将多目标综合评价方法和系统理论相结合，提出了层次权重决策分析方法，名为层次分析法（Analytical Hierarchy Process，AHP）。该方法主要是把复杂的问题看作一个大系统，通过对系统的多个因素（若干层次系统）的分析，划分出各因素间相互联系的有序层次，建立数学模型，进行比较、量化，并计算出每一层次全部因素的相对重要性的权值，加以排序。其特点是将复杂系统的分析过程条理化、层次化和数量化。作为主观评价方法的层次分析法，不仅是一种数据分析方法，而且是一种包含指标设计方法、主观判断测量方法以及独特评价思路在内的评价方法。它其实是一种以系统评价思想解决问题的模型[119]。

首先，影响小城镇建成环境更新的各种因素众多，符合层次分析法应用的特点。其次，针对德清县建筑风貌特征、建筑能耗系统、台州循环经济评价体系的研究中运用了结合层次分析法与模糊分析的综合评价法，故这样的主观评价法更为熟悉。所以在浙江省小城镇建成环境更新评价体系中选择运用这一综合评价法。

当然我们应注意，这一具体工具的使用，虽然试图对小城镇建成环境更新的成果进行定量分析，但其工作基础仍是评价的人对小城镇建成环境更新成果的定性感受，仍具有较强的主观色彩。所以我们应把它当作成果评价的工具之一，而不是唯一的或决定性的方法。

2. 模糊综合评价方法

模糊综合评价法（FCE）是一种根据模糊数学隶属度理论把定性评价转化为定量评价的方法。它具有结果清晰、系统性强的特点，能较好地解决模糊的、难以量化的问题，适合各种非确定性问题的解决。

模糊数学是用于分析解释外延清楚、内涵模糊不清的系统。从小城镇建成环境更新成果值的影响因素来看，类似于自然因素、人工因素、社会文化因素等大多是属于外延清楚、内涵模糊的术语（也有明确的比例，但比例的具体数值代表的优劣程度也可看作内涵模糊，仍然适用）。因此，可引入模糊数学的理论方法，对小城镇建成环境更新成果值进行分析计算[120]。

FCE 计算的前提条件之一是确定各个评价指标的权重，也就是权向量，它一般由决策者直接指定。但对于复杂的问题，例如评价指标很多并且相互之间存在影响关系，直接给出各个评价指标的权重比较困难，而这个问题正是 AHP 所擅长的。在上一章中，笔者运用 AHP 法，通过对问题的分解，将复杂问题分解为多个子问题，进行分层建模，并通过专家法两两比较的形式给出决策数据进行计算，最终给出评价指标的排序权重。而 AHP 的步骤就解决了 FCE 中复杂评价指标权重确定的问题。

4.5.4 小城镇建成环境可持续环形更新的政策建议

（1）利用小城镇环境综合整治行动的大量更新项目的实践，不断优化"实践到评价到总结到实践的环形过程"实践方法，整合丰富实践理论，站在更高的层面和持续发展的角度，为全省乃至全国未来小城镇建成环境更新建设的持续投入提供充分的、一手的在地数据支持。

（2）将使用后评价加入到政府投资的小城镇环境综合整治项目中，建立小城镇建设后期跟踪评价机制，将政府项目的成果进行总结，项目信息与反馈评价信息纳入数据库，并进行完善与推广，以期形成社会效益，对建立符合我国国情的小城镇建成环境更新的环形研究体系做出贡献。

（3）此次项目为浙江省委省政府的投入，而在未来的阶段中有更多来自县市区自主投入或乡镇自主更新项目，可以在此次更新基础上，为如何做到一盘棋可持续发展提供有力的依据。所以，此次研究不仅是物理环境表征的成果，更为未来小城镇差异性发展提供政策支持、技术保证、工程模式创新和可持续方案等内容。

浙西南山区小城镇建成环境可持续性更新建设

丽水庆元县域内小城镇环境综合整治进行可持续建设的具体做法主要是：

（1）选取县域范围内小城镇集群项目，将针对不同小城镇的联动规划作为建成环境更新关键信息分析整合的初始平台。

（2）在地域性建筑文化和风格传统的分级策略指导下，对庆元县域内不同分区小城镇建成环境可持续更新进行分级探索。

（3）在不同小城镇产业发展类型下，通过以不同设计主导的工程推进，解析设计施工一体化过程，还原建筑学本质营造过程。客观分析小城镇系列项目推进所受制约的传统特定因素，优化设计施工流程，深刻挖掘出小城镇建设城乡文脉的本质要求和工程推进优化需要的统一性。具体将小城镇建成环境按照实施尺度进行细分为：宏观区域—个体（小城镇）—（城镇）片区—（街巷）片段—（街巷）节点的更新方法分析。

5.1 浙西南山区小城镇建成环境更新建设背景

5.1.1 浙江省小城镇建成环境宏观分类

浙江省小城镇的发展改革历程大致可以总结为两大阶段，以 20 世纪 90 年代中期为界，分为前 15 年原始工业化模式下的自我快速积累阶段和后 15 年政府调控下的发展转型阶段。在 2013 年的新型城镇化调研报告——《浙江省新型城镇化规划设计调查研究报告》中将全省村镇划分归类，主要根据地域产业发达程度、地形地貌特征、文化文脉传承三个方面的因素而进行区域划分。这样的划分同样也适用在此次小城镇建成环境产业特色分类。两地行政区位划分也高度吻合，大致可以分为浙北平原水乡地区、浙东沿海甬温台地区、浙西南山区和浙中平原地区四类。除此之外，按照小城镇建成环境内外发展动因和城乡关系来看，有以下几种分类方式：

（1）按照产业结构，与大城市群的区位有带动关系。以浙江省内小城镇群为案例基础，从空间组织关系入手划分，根据省域的自然和生态条件以及县（市）域综合发展水平，进行省内分类，借鉴多元素空间叠置分类体系，结合大城市主导区域发展的背景，区域中心城市对浙江省小城镇的辐射带动作用日趋明显，尤其是浙北、浙东南的小城镇与中心城市关系密切，甚至被纳入城市建设规划的体系中，如杭州市不断向大江东一带发展延伸，成为中心城市的疏解，这一类的小城镇明显将成为中心城市带动型小城镇。这一类小城镇的发展水平较高，通常适用于 TOD 新城发展模式。

（2）依据自身特有的农业产业特色分类。宜居的生态景观优势也是小城镇自身发展的优势，以较好的宜居性吸引现代城市居民的旅游休闲需求。例如浙西北山地丘陵生态区、浙中丘陵盆地生态区依靠农村聚集作用，带动农业现代化发展，这类地区的小城镇普遍为自组织发展型。

（3）将一定区域内小城镇作为一个有机整体来大力发展，提高整体效益。浙西南、浙西北偏远的小城镇数量和规模较小，分布较为分散的地区应加强与中心城市以及小城镇间的联系，为城市发展提供良好的生态基础，这一类小城镇通常为引导发展型。这类小城镇的发展应以生态优先，通过基础设施配套和政策引导，积极开发旅游经济。

本书选择浙西南山区小城镇作为案例对象是基于以下几点考虑：

（1）相对其他地域来说，其经济发展水平较低，小城镇发展自身动力不足、产业薄弱，这次小城镇环境综合整治的机会相对浙西南难得。

（2）浙西南地区的生态资源丰富，人文历史文脉久远，未被破坏性开发的区域比较多，具有可以挖掘的潜力比较大，小城镇的建成遗产和现代开发的整合更具有挑战性。

（3）浙西南普遍多山多水，山区小城镇建筑材料运输和大型工程设备开展普遍具有难度，更寄希望于挖掘本地营建技术手法的复兴和实践。

5.1.2　庆元县小城镇更新建设背景

南宋庆元三年（1197）在浙江西南山区以国号置县为庆元县。这个在深山里的县城，在县域内完成 1 个省级中心镇"竹口镇"，5 个一般镇"黄田镇、荷地镇、左溪镇、贤良镇、百山祖镇"，10 个乡"安南乡、隆宫乡、淤上乡、五大堡乡、张村乡、岭头乡、官塘乡、江根乡、举水乡、龙溪乡"，3

个仍具有集镇功能的原老乡政府驻地村"安隆村、新窑村和后广村"的小城镇环境综合整治工作。

庆元县内山岭连绵、群峰起伏，海拔高度成为 19 个乡镇共同地域特征，然海拔高度不一赋予了各乡镇不同的自然资源和人文历史，造就了不一样的产业发展可能性。图 5-1 是站在集群层面对庆元县域各地的地域特征、自然资源、人文特征与产业特点进行划分的县域区域发展规划图。

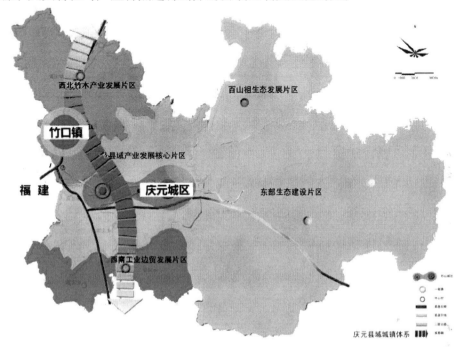

图 5-1　庆元县发展规划分区图（来源：笔者团队绘制，庆元住建局授权）

根据地域与产业特点，庆元县主要分为五大区域：西北竹木产业发展区、县域产业发展核心区、西南工业边贸发展区、东部生态建设区和百山祖生态发展区。总体而言西部以竹木加工业与工业为发展核心，东部以生态资源为发展源泉形成特色旅游业。

5.2 庆元县域内小城镇更新的内容

5.2.1 宏观区域小城镇建成环境信息整合

将 19 个乡镇的建成环境更新关键信息依据不同区域建立类属信息表，搭建初始平台，为联动规划提供依据与资料来源，见表5-1。

表5-1　各乡镇建成环境更新关键信息汇总表

名称	地域特征	自然资源	产业发展	人文历史
竹口镇	丘陵，群山围绕	山水资源，三大现代化农业基地	铅笔产业特色鲜明，相关配套较为完善；农业现代化发展良好	香菇文化、红色文化、青瓷文化底蕴，相关遗址、窑址留存
新窑村	山地丘陵，东高西低，海拔高度在240米，全县最低	水资源、地质条件好、气温四季分明，农业基础好	食用菌、经济作物的农业发展，水泥、染化、不锈钢材等工业有基础	青瓷发祥地，大量历史文化遗址留存，非物质文化遗产、传说故事留传
黄田镇	丘陵，"九山半水半分田"复杂地形	林业资源丰富	"笋、竹、茶、烟、苗"五大产业，尤其是灰树花生产基地，毛竹加工业欣欣向荣，旅游业基础好	红色文化资源丰富；文化古迹保存完好，尤其是廊桥；7个少数民族文化相融共生
淤上乡	山间盆地，垂直气候特征明显	水资源丰富，热量资源丰富，毛竹资源丰富	粮食种植业为基础产业；竹木加工业产值高；精品农业正在发展	生态文化丰富，遗迹保存完好；移民文化，淳安特色明显；农耕民俗文化，教育文化
隆宫乡	海拔高度在650米	矿藏丰富，毛竹产区，农作物种植适宜	竹木加工的乡镇家庭工业有特色，水旱地农业发展好	古廊桥文化，篾匠文化有特色
安南乡	山间盆地	自然保护区，草场、中草药材、牛肝菌丰富，矿产资源、水资源丰富	边贸集镇商业氛围好；风电产业正待发展；生态旅游业基础好；外来务工人口多	地域文化背景传统村落保存完好，古廊桥文化
安隆村	峡谷地带，带状发展	针叶林为主的自然植被，水系丰富	林业种植为主；旅游业正在发展；风电能源产业有基础	红色文化遗址、宗祠和民居保存较好；非物质文化遗产继续留传

名称	地域特征	自然资源	产业发展	人文历史
荷地镇	华东地区海波较高、面积最大的高山台地	珍稀野生动植物丰富,笋竹两用林资源丰富,水系发达	食用菌、茭白与锥栗产业发展前景良好;绿色能源产业基础较好;旅游业发展起步	非物质文化遗产独特;遗存有价值的明清时期古民居,泥瓦匠文化
左溪镇	海拔高度在435~1100米	水特色明显,森林资源丰富	农业特色明显,第三产业为辅	炮台遗址保存完好;省级非物质文化遗产胡绂文化
贤良镇	三山夹两溪的形态,海拔高度在610米	原始次生常绿阔叶林资源、水力资源丰富,药用植物资源丰富,野生动物繁衍条件优越,尤其是猕猴	农业发展迅速,形成特色产业集群;旅游业有基础	民俗文化活动丰富
举水镇	高山,防台抗洪压力大	超高森林覆盖率、高山草甸,地理水系特征鲜明	旅游业发展良好	祠堂、寺庙建筑与环境共生,千年廊桥遗存;风水格局留存;现存地理遗迹;月山春晚传统特色文化,木匠文化
五大堡乡	河谷盆地	地表水资源丰富,有县城居民的饮用水源,丰富的林木和毛竹资源	林耕业为主要生产模式,西川大峡谷的旅游业态势好	古道文化、战堡文化,建筑特色鲜明
五大堡乡后广村	北高南低,地势平缓,山地广阔	水力资源丰富	林耕业基础好	—
岭头乡	山间盆地,海拔高度在600~1000米	东部自然条件最好的乡镇,杉木、松木等用材林,笋竹两用林资源较为丰富,主要矿藏有花岗岩、稀土矿产等	以稻田养鱼、高山茶叶、特禽养殖、锥栗、油茶为辅的五大特色产业有发展空间,旅游业已有雏形	廊桥文化、农耕文化;古寺庙、古桥保存较好,浙南民居保存较好

名称	地域特征	自然资源	产业发展	人文历史
张村乡	相对海拔高度在700～850米	森林资源丰富，古树资源丰富	古道旅游业发展前景好	马仙姑文化；明清古建保存完好
龙溪乡	高山丘陵，海拔高度在570～970米	梯田茶叶资源丰富	高山茶叶产业特色明显	浙南民居、闽北建筑风格明显
江根乡	高山，防台抗洪压力大	反季节高山蔬菜，植被覆盖	农业发展萎缩（劳动力外出），旅游产业起步阶段	廊桥文化、庙宇特色，历史遗存丰富；石匠文化特征鲜明
官塘乡	平均海拔高度在1040米，高山盆地	森林覆盖率92.5%	食用菌、毛竹和高山蔬菜三大农业产业，高山养殖业	红色文化；国家级生态乡
百山祖	海拔高度高，地势落差大，冬暖夏凉	地形复杂；水力资源丰富，5座水电站；动植物资源丰富，华东地区最大的自然生物圈；沟谷众多，多级瀑布	生态旅游名镇，名胜古迹多	廊桥文化精髓；香菇文化、遗址留存；全球绝无仅有的冷杉文化；红色文化

西北竹木产业发展区所包含的竹口镇、新窑村和黄田镇均有丰富的林木资源，其发展产业集中于工业，主要是竹木加工业和文教用品制作业。该区建成环境更新策略以林木业发展为经济基础，结合各乡镇特有个性元素，因地制宜地建设特色小城镇。

竹口镇的铅笔产业特色鲜明，有着深厚的产业基础，年产值达到30多亿元，形成了完整的制笔产业链。在铅笔产业不断成熟的同时，竹口镇加快培育区块经济。产业经济的发展离不开成熟完善的建成环境。故竹口镇建成环境更新是由表及里的改造，既需要提高生活品质创造宜人的居住环境，又要充分挖掘历史文化与风俗风情的个性元素，创造多元永续的传统文化生活脉络。

黄田镇素来就是灰树花之乡，形成了具有市场竞争力的绿色生产基地，为农业经济增添了活力。黄田镇除汉族外，还有畲、黎、土家、土、侗、满、傈7个少数民族，各民族相融共生为黄田镇营造出多彩的独特风景。

西南工业边贸发展区多为山间盆地，海拔中等，垂直气候特征明显。此区域的淤上乡、隆宫乡、安南乡和安隆村除丰富水资源和植被资源外，还有丰富的矿产资源，主要布置竹木加工业和食用菌产业。

淤上乡有独特的移民文化，新安江移民主要在山根村安家落户，开始了异乡新生活。虽然村庄建设与周边的乡村并没有多大的区别，但大家交流的语言还是淳安家乡话，同时还保持着淳安饮食老传统。淤上乡自然条件极好，是著名的粮仓，农耕民俗文化是建成环境更新过程中不可磨灭的非物质文化遗产。

隆宫乡是以竹木加工为主导产业的工贸集镇，竹木加工业极具特色，同时传统篾匠文化一直得以传承。篾匠技艺在建成环境更新中也充分展现传统竹篾制作手艺的精妙之处，就地取材，将毛竹通过多道传统工艺制成竹篱笆、菜圃围栏，被广泛用于点缀村镇的角角落落，展现了小城镇的底蕴。

安南乡的自然保护区已初具规模，旅游业开发价值极高，在建成环境更新中成为整体发展策略中重要的一环。其风电能源产业也正在发展，对改善能源结构，推动旅游业和改善民生有重大意义。安南乡地处浙闽两省的边际区域，受外来务工人员的影响，常住人口远多于集镇人口，边贸集镇氛围浓郁，这保证了建成环境发展所需的劳动力和人气。

东部生态建设区是高山农业与休闲区，除五大堡乡为河谷盆地、龙溪乡为高山丘陵外，荷地镇、左溪镇、贤良镇、举水乡、岭头乡、张村乡、江根乡和官塘乡均为高山台地、高山盆地，海拔较高，水系发达、森林资源极为丰富，主要布置特色农业、食用菌种植业、高山蔬菜种植业、高山茶叶种植业和休闲旅游业。其中，荷地镇作为华东地区海拔较高、面积最大的高山台地，天然珍稀野生动植物资源丰富，荷地溪水质清澈，对食用菌、茭白和锥栗产业提供了水源。已建成的双苗尖风电场为全面推进能源小康建设奠定基础，"农光互补"的新型生态农业模式为农业、林业在环境友好的前提下增加稳定经济收益。

荷地镇人文色彩浓厚，有"荷地十景"作为旅游业发展的基础。该区域独特的非物质文化遗产——二都戏正面临失传的困境，如何将保护非物质文化遗产融入建成环境更新中，是规划设计的一个难题。传统泥瓦匠利用多年积累磨砺的手艺，巧用土青砖、旧石门、旧青瓦，打造出一批牢固可靠、美观有深度的特色节点，显现小城镇特色。左溪镇水资源特色明显，全县最大的左溪水电站为清洁能源产业助力。作为二都戏的起源地，传统文化的传承更应顺应时代发展。贤良镇的山水条件优越，为野生动物繁衍的乐园，形成了特色农业产业集群，快速提高了居民经济水平。旅游业发展迅速，已形成一定品牌的民俗活动，其建成环境更新主要注重旅游区块的打造，增加慢生活的特色。

举水乡钟灵毓秀，人文鼎盛，尤其是月山村首尾约 1 千米的巨溪上，分布着 10 座古廊桥。建造之初除了便于交通，更重要的是作为景观桥融于周边环境，展现田园牧歌、小桥流水的意象。举水乡整体田园风光优美、生态环境独特，古村落资源丰富、文化气息浓郁，为文化休闲旅游业快速扩张奠定基调。以循序渐进的方式在已有基础上融合新的部分，有助于人文社会和经济发展的连续性和多样性，适应了相对较长的更新与灵活发展的需要。古廊桥文化体现了传统木匠精湛的手艺，不仅能融入建设过程还能重新利用旧木料，在无形中渗透节约和再利用的环保理念。

五大堡乡作为河谷盆地，其地表水资源丰富，拥有全县饮用水源的兰溪水库。在发挥生态环境优势，优化发展"菌、竹、果、茶、药"等产业后，居民经济收入显著提高。此地的小城镇建成环境更新应注重物质环境与自然环境的融合，共同提升居民人文社会环境。充分利用各具风韵的古道，积极挖掘古道文化内涵，既改善了建成环境又提升了文化氛围。

龙溪乡具有良好的山地丘陵类自然生态风光。村庄地势比较平坦，外围分布有大片梯田，呈现山、水、田、居和谐融生、浑然一体的自然生态格局。梯田为高山茶业产业提供了先天的优良条件。清代浙南民居、闽北建筑风格明显，且有成片发展民宿的可塑性，与高山茶叶结合打造休闲度假茶香小镇。

岭头乡作为海拔在 600～1000 米的山间盆地，农田和村落分布在沿溪和盆地，是东部自然条件最好的乡镇，形成以高山冷水茭白、食用菌、毛竹为主的三大主导产业和以稻田养鱼、高山茶叶、特禽养殖、锥栗、油茶为辅的五大特色产业。古寺庙、浙南古民居保存较好，以此产生的民宿旅游业已有雏形。利用镇中有田、田中有山的风水格局打造小隐于野、归园田居的乡田驿站。

张村乡村落相对海拔高度在 700～850 米，高度落差较大，地质灾害点有 4 个，在建成环境更新建设中，抗灾防台风也是重要因素之一。张村主要以传统农业为经济来源，然而大部分为个体独立生产经营，效益较低。将产业升级转型与生态特色融合是建成环境可持续更新的重要手段，以物质环境的更新促进经济社会的发展，体现人文社会的长久融合。

江根乡以反季节高山蔬菜产业、笋竹两用产业、食用菌产业为主，然而近年受原材料价格上涨、外部市场竞争以及高山不利天气因素的影响，农业产业发展后劲不足，特别是劳动力大量外出，导致产业发展壮大难度很大，同时还造成大量田地抛荒，进一步加剧了产业发展困难。江根乡景色绝美，然而旅游资源开发严重不足，基础设施建设严重滞后，故在其建成环境的可持续更新过程中尤其应注意农、旅、文结合。江根乡文化历史悠久，至今保留着许多民间艺术、民俗风情，以及村民世代传承者发达的石匠工艺。在该乡更新建设中，石匠元素有机融入节点打造，用石材修复石桥、石路和石墙等。垒石为坝、架石为桥、砌石为墙、筑石为道，最大程度展现江根石头的历史印记。

官塘乡海拔 1000 千米以上，地势高峻，其水系多为溪流、水沟和山涧。在以高山种植业为主的基础上，发展高山特色养殖圈，为农民拓宽收入渠道。基于官塘乡良好的山水格局、村落形态、历史文化，结合"点、线、面"不同层级进行更新建设。

百山祖生态旅游区仅含华东地区海拔最高的山区镇百山祖镇，气候冬暖夏凉，是不可多得的休闲避暑胜地，主要布置养生产业、休闲度假和观光旅游业。百山祖镇有种类丰富的动植物资源、自然生物圈，沟谷众多、水系发达，生态环境绝佳。而廊桥文化的精髓所在也存在于景区内，多元文化资源在百山祖得到传承。百山祖镇也是生态旅游特色镇，故其建成环境的更新离不开生态景区的建设。

5.2.2 小城镇建成环境整体更新策略对比

庆元县 19 个乡镇具有共性特征的同时，也各具特色，其建成环境的更新针对不同的形象发展整体策略也各有不同，见表 5-2。

表 5-2 各乡镇整体更新发展策略对比

乡镇名称	个体层面发展策略定位
竹口镇	打造成具有宜人的居住环境、独特的个性名片、深厚的文化内涵的中国铅笔小镇
新窑村	宜居、宜业、宜游、宜文的浙闽驿站、水韵新窑
黄田镇	借地理优势，扬特色产业，融历史人文，品竹韵小镇，创多彩黄田
淤上乡	坚持"以旅促农、以农强旅、农旅结合"的发展模式，打造近郊休闲旅游乡镇
隆宫乡	打造以"竹源之乡"为品牌形象的生态宜居小镇
安南乡	突出山水竹乡特色，挖掘民俗文化和边贸文化，打造江南边驿小镇
安隆村	以创造品质生活环境为核心，实现乡村休闲旅游产业健康发展，打造花情水韵，浪漫安隆
荷地镇	围绕"生态农业精品区、避暑休闲度假区、绿色能源示范区"的发展战略，将荷地镇打造成以农耕为主、休闲养生为辅的高山小城镇

乡镇名称	个体层面发展策略定位
左溪镇	以生态为基础，以"鱼"为特色，打造独具文化韵味的休闲旅游慢镇，香樟小镇
贤良镇	以良好的自然生态环境为依托，打造长三角知名慢生活休闲目的地
举水乡	围绕"人文举水，浪漫月山"主题，营造特色鲜明、可持续、有文化内涵的浪漫乡愁小镇
五大堡乡	树立全乡景区一体化理念，发展民宿产业，推进全村结构功能转型，打造古道幽静的魅力小镇
五大堡乡后广村	凸显菇城后苑，亲水后广的小城镇形象，打造养生旅游胜地
岭头乡	围绕"特色民宿、生态旅游、和谐生活"三位一体的小镇基础，打造精品民宿集群的休闲避暑的"隐居"集镇
张村乡	围绕"精致的乡村建设、优美的南阳溪风光、独特的人文魅力、休闲的乡村生活"打造山中水乡的慢养轻居小镇
龙溪乡	围绕茶产业、茶文化，发展全域旅游，打造浙南边邑，茶香小城镇
江根乡	打造具有时代氛围的匠人精神传承地和特色农耕小集镇
官塘乡	打造高山红色小镇
百山祖	集旅游接待、休闲避暑及展示百山祖文化于一体的低碳旅游示范村

5.3　单体小城镇地域性更新对比

　　将小城镇建成环境按照实施尺度进行细分为宏观区域—个体（小城镇）—（城镇）片区—（街巷）片段—（街巷）节点的更新方法分析。前一章节就宏观区域的更新方法进行了分类实施，从这一章节开始，逐步从个体小城镇深化到街巷节点等微观细节。宏观区域规划到个体小城镇的信息整合往往是最容易忽略的部分，在前期大量的宏观区域整合信息的基础上，从自然资源禀赋和人为开发定位模式两个角度来分析。

　　美丽宜居聚落是人类文明的根脉，是农耕文明的传承，是田园生活的守望地。美丽宜居小城镇能够展现我国小城镇与大自然的融合美，创造城镇居民幸福生活，传承传统文化和地区特色，凝聚符合小城镇实际的规划建设理念和优秀技术，代表小城镇建设的方向。

　　马洛斯需求原理告诉我们，小城镇建成环境更新可以分为三个阶段，即基础阶段、提升阶段和完善阶段，从改善城镇物质环境到居民精神需求的提升再到城镇特色产业的激活，见图5-2。第一阶段是改进整体环境，改善卫生面貌以及城镇秩序；深化小城镇规划，对涉及乡容镇貌的重要街区、地段、节点展开专项设计；积极探索建构符合各地区实际的现代小城镇治理体系。第二阶段是初步建立符合各地实际的现代小城镇治理体系，提升城镇功能，彰显城镇特色。第三阶段是完善建设管理和小城镇治理体系；完善小城镇边界区域治理，构筑城乡美丽格局。三个阶段的进行并不是断裂的，而是在第一阶段就将精神需求提升，以产业经济活跃作为远期目标，在物质环境优化更新中埋下伏笔。

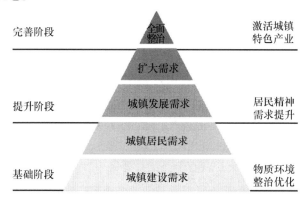

图 5-2　马洛斯需求原理在小城镇建成环境更新中的阶段图（来源：笔者团队绘制）

庆元县 19 个小城镇在第一阶段以环境卫生、城镇秩序和乡容镇貌为整治重点，这不仅仅是对物质环境的提升，更重要的是顺应人民对美好生活的新期待。这 19 个乡镇自然资源极其丰富、自然环境优美，四个区域产业发展基础不同，生态条件有差异，从自然资源角度出发的更新策略也各具特色。

庆元县 19 个乡镇大多以"农、旅、文"结合为发展策略之一。休闲农业开发应注重当地文化内涵的挖掘，以支撑旅游脉络。文化脉络在旅游规划中的比重与所具有的吸引力成正比，规划的主题与地域文化密切相连。还原于民生活、问需于民需求、问计于民发展、问效于民提升，避免大拆大建。以人为本发挥群众的主体作用，居民主人翁意识的建立让他们成为参与者、实践者、受益者，而不是旁观者。农、旅、文结合的发展策略从根本上看即为最大化利用在地属性，因地制宜。

5.3.1　自然资源主导的小城镇更新实践

立足生态资源的发展，是浙南山区小城镇最大的禀赋资源。这一绿水青山，如何转换为小城镇发展的资源，是一个重要的课题。调研归类发现，在自然资源主导的小城镇更新过程中，有创造适合旅游业发展策略为主导的旅游景区配套型小城镇，适合于静谧禅修远离都市生活人群的季节性周期旅居型小城镇，以及农旅产业结合发展型三类小城镇发展模式。

从自然资源角度出发的更新策略首先应该考虑生态优先原则，若生态原始景观恶化甚至不复存在，何谈景观特色旅游。庆元这个浙南山区县，也曾经走过先污染后整治的惨痛发展过程。目前其经济发展的生态转换机制处于良性的循环状态之下，因而在小城镇建成环境可持续更新过程中，生态要义的理解应为其核心，比如维护河岸沿线的水陆生态系统，修复优化生态功能，充分利用水系植被资源，因地制宜突出本镇特色，结合居民实际需求开展更新建设，才是小城镇可持续更新协调发展的基础。

1. 旅游景区配套型

百山祖镇作为生态旅游区的景区小城镇，环境卫生整体较好，个别地方有待完善，在环卫设施方面略显单调突兀，不能很好展现百山祖镇的特色，与景区环境不够协调。小城镇总体秩序呈现有序状态，乡容镇貌大体颇具风格，但仍需进行重点提升，以及在绿化景观节点上需做进一步提升打造。在生态优先原则下，对于生态特色的打造主要集中在物种多样性、高海拔、土特产丰富方面。

更新策略主要倾向于景区内生态植物园概念的普及和宣传；利用地理优势，打造避暑乐氧胜地；在规划中多考虑特色产品的展示和销售。百山祖镇有着丰富多彩的生态旅游景观资源和清幽异常的生态环境，其中百山祖镇冷杉为全球绝无仅有。在世界旅游业以生态旅游为时尚的今天，通过对环境卫生、城镇秩序、乡容镇貌的整治，进一步完善配套设施，提升百山祖镇的旅游接待能力，弘扬特色文化，从而带动周边区域的发展，打造生态旅游核心区，塑造特色文化展示区，实现低碳生态宜居区。

百山祖镇的景观规划结构总体来说就是"一轴、两中心、多节点"。通过水域环境的整治提升，沿河景观植物的塑造，沿溪游步道的完善，形成一条景观优美的沿

图5-3 百山祖镇景观规划图
（来源：团队绘制）

溪景观轴。围绕沿溪景观轴，打造两中心多节点的景观结构，主要包括一个入口形象中心，一个旅游集散中心，以及多彩农田、美丽河道、风情走廊等多个景观节点，形成完整的景观体系，见图5-3。

　　百山祖镇总体风貌控制是重整"一线两道"秩序，提升旅游接待片区、示范村居片区和新居住片区的环境品质，改善居民生活设施；沿水岸打造绿道，串联山水风光、田园风情、商业街区、民宿乐园、文化景点，见图5-4和图5-5。

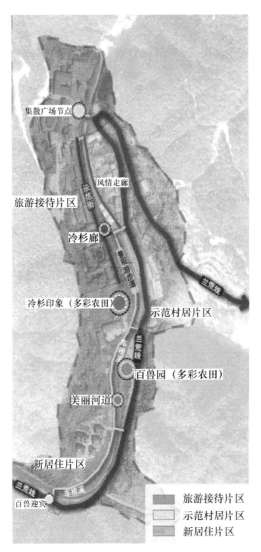

图5-4　百山祖镇总体风貌规划图

（来源：团队绘制）

图例：
● 保留的基础配套设施
● 需整治配套设施
● 新增配套设施

图5-5　百山祖镇旅游设施分布图（来源：团队绘制）

2. 季节周期旅居型

贤良镇、张村、江根等乡镇都具备很好的水体景观特征。在城镇化背景下，人口迁移量比较大，大多数呈现出萎缩发展的状态。利用大量闲置民居开展了民宿旅游等业态，结合夏季的高山台地气温清凉等特点，吸引了大量游客。在这类季节性强的长期旅居型的小城镇主营业态之下，有大量的游客在夏季来浙西南的深山中避暑居住嬉水休闲。但是在冬季的严寒天气里，却少有游客前来旅居。水体的景观营造就了比较重要的城镇建成环境的研究课题。

张村乡境内有属瓯江水系上游支流的南阳溪横贯东西。充分利用南阳溪的水资源，发展"张村溪鱼"品牌，打造亲水活动，推出"太极山水，烟雨南阳"风情节，聚集阳气；生态农庄建设和生态移民工程稳步推进，山乡魅力逐步显现。张村乡沿水分为三个风貌区：亲水文化展示区、花样主体生态居住区和田头乡村慢生活区，见图5-6与图5-7。

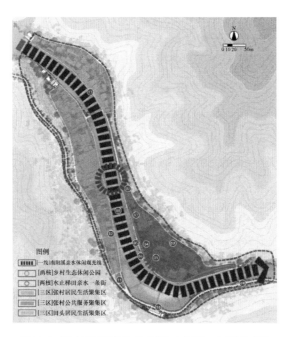

图5-6 张村更新结构分布图（来源：团队绘制）

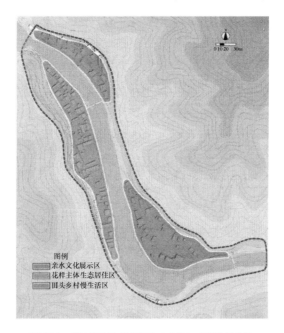

图5-7 张村风貌分区图（来源：团队绘制）

对一溪两岸景观绿化系统，环南阳溪亲水步道系统的更新主要是：突出亲水主题，完善环南阳溪滨水卵石游步道系统，局部空间增设亲水平台，绿化种植以"见株杨柳见株桃"模式布置，形成沿岸桃红柳绿的优美景观；依托河道内现有大型石景设置观景休闲节点，对安全护栏缺失路段进行补充建设，空间局促地段布置花箱和花钵等点缀绿化，以形成完整的滨河绿化景观系统，见图5-8。

图5-8　环南阳溪亲水平台景观设计图（来源：团队绘制）

一溪两岸景观绿化系统，环南阳溪亲水步道系统（驳岸坡面植物选择：菖蒲、鸢尾、栀子等），见图5-9。原先的驳岸方案相对比较硬，用了环南阳溪里面的卵石铺面，中间灌注水泥砂浆。虽然使用了溪石这种本土材料，没有违背更新策略的本土化实施，但是不利于当地生态性更新的原则。在更新方案里，在保证驳岸卵石铺装结构稳定的前提下，适度留有空隙，播撒本土植物种子，使得植物和卵石形成材质互动，做成可以呼吸的景观驳岸的亲水活界面。

图5-9　环南阳溪驳岸界面更新方案（来源：团队绘制）

贤良镇是季节性旅居的典型小城镇，每年都举行泼水节，在高山的水溪形成很好的夏季消暑旅游产品。围绕这一特征，贤良镇提出"慢贤良"的山野隐居旅游居住的口号。贤良镇镇域内植被茂密，森林和水力资源丰富。贤良镇属瓯江水系南阳溪流域，是瓯江发源地，源自百山祖镇大湾栏的瓯江支流南阳溪横贯规划区，自西北向东南经青草、溪沿、贤良到黄淤，与源于岭头乡由南向北经楣坳抵达淤上自然村的杨溪支流汇合，转而折向东偏北，流经石川抵达上交溪口，纳源于百山祖主峰南麓，经半山源入张村乡后溪村到上交溪口的大溪，向东经张村乡于下交溪口汇左溪入景宁境。区内水文资源丰富，共有大小河流30余条，形成了丰富而独特的水文景观资源，见图5-10。

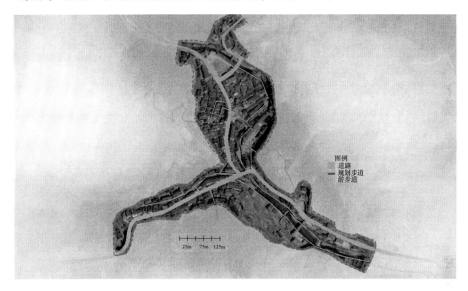

图例
道路
规划步道
游步道

25m 75m 125m

图5-10　贤良镇整治范围卫星图（来源：谷歌地图截图，团队编绘）

围绕水域特征的建成环境研究，势必由水域建成环境中的固定元素、半固定元素和非固定元素组成。固定元素包含现有建筑和水体驳岸等内容，非固定元素主要围绕着季节性人流的变化和其行为感受。从固定和半固定元素角度出发，将贤良的水体建成环境大致做以下区分：

第一段，从贤良镇的城镇入口到城镇中心段，为入口水景观环境段。通过拆迁形成了背街小巷的廊道空间，实现人群在屋后廊道系统的亲水嬉戏空间。由于驳岸的高差较大，所以亲水性欠缺，见图5-11。第二段，自北向南到镇中心以北的浅水亲水区，水流深度不深，游人可以走进水中嬉戏，但是大量人群集中嬉水的配套措施和空间较为不足。更多时候，这一区域水体的生态性更强，天然的卵石水底是孕育大量溪鱼的场所，见图5-12。第三段，自北向南镇中心以南部分，通过整治河道内部，形成宽敞的适合大量人群群体嬉戏玩水的集中泼水娱乐场所，见图 5-13。

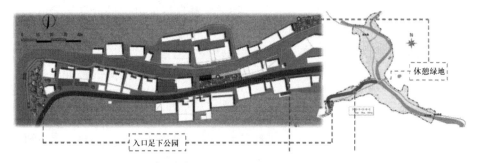

图 5-11　入口段水体建成环境布局构成图（来源：团队绘制）

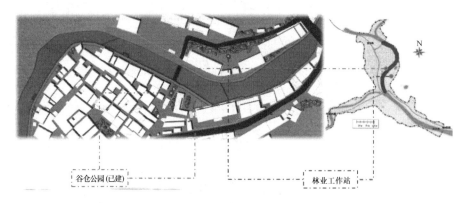

图 5-12　上游段水体建成环境构成图（来源：团队绘制）

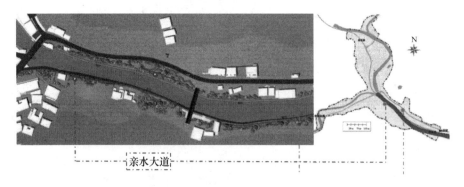

图 5-13　下游段水体建成环境构成图（来源：团队绘制）

　　各自不同的高山水体等自然资源构成的小城镇滨水建成环境的营造，根据具体水体情况和更新改造手法，以及同一水体的不同段落构成元素的差异而分别设置，围绕总体营造策略的不同差异化进行打造。

3. 农旅产业结合型

　　龙溪乡的主要集镇枕山绕水，具有良好的山地丘陵类自然生态风光。村庄地势比较平坦，外围分布有大片梯田，村庄整体自然条件良好，环境优美。集镇范围内呈现山、水、田、居和谐融合、浑然一体的自然生态格局。集镇内的景观风貌管控与塑造，可以充分借助自然山体和水系景观，营造显山露水的景观风貌。

农旅产业蓬勃兴起。龙溪乡全乡共建成高山有机茶园 2967 亩，其中已完成茶叶基地无公害认证 2345 亩，建成茶园示范基地 830.5 亩，并形成了集种植、加工、销售、品牌于一体的完整产业链，茶叶已成为该乡富民增收的第一产业。龙溪茶叶以其"赏之汤色清亮、闻之清香飘逸、品之味道香醇、唇齿留香"而闻名，使龙溪成为久负盛名的茶乡。锥栗生产是龙溪乡农业综合开发的另一重头戏，以园区建设为主，基地种植为辅，零星散种全面发展，目前已种植锥栗 2583 亩，年产优质锥栗的 60 吨。龙溪乡拥有大型食用菌生产基地——西溪村食用菌生产基地，年生产食用菌可达 120 万吨，全乡总产量 185.5 万吨。龙溪乡持续推进毛竹产业发展，已开展毛竹配方施肥抚育 100 多亩，新种植毛竹 1050 株，建成毛竹高效经营示范片 2 个，面积 150 亩。2015 年全乡 10 个行政村扩展稻田养鱼面积 360 多亩，形成 55 亩以上连片的示范养殖基地 2 个。龙溪乡茶叶、锥栗、食用菌和毛竹产业特色明显，在农旅结合过程中，除发挥经济作用，更将农业特色本身融入建设中，形成旅游特色。

建成环境在传统农业的转变过程中，相对工业化的激进更显得缓慢，其功能的转变更显得细腻和谐。参照徐甜甜的松阳茶叶工坊项目，龙溪乡的传统茶叶工艺的传承和发展也在小城镇建成环境的更细过程中发生了转变。如图 5-14 所示的原茶叶场房，是 20 世纪 70—80 年代的大空间的典型建筑，相对破旧。目前的茶叶加工都外送，或者在茶山上进行，其功能已经完全淘汰，

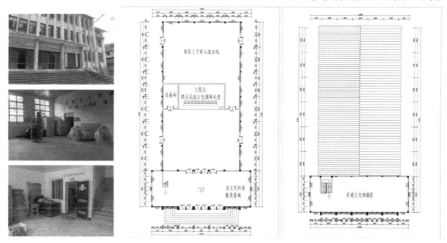

图 5-14　原茶叶市场改建茶叶工艺基地平面图（来源：团队拍摄、绘制）

但是大框架的结构适合做成礼堂和集会中心等内容，见图5-15。因此设计师将其功能改变进行了重新的设计。茶叶加工到居民积聚公共空间的建成环境的转变和更新，由此展开。

图5-15　文化礼堂、旅游集散中心和茶文化中心改建效果图（来源：团队绘制）

5.3.2　人为开发主导的小城镇更新实践

当前小城镇的建设开发，是在"前人模式"和"城市化景观"中摸索进行的，这样的规划往往根据经验自行设计，或照搬照抄先进地区代表作，外观雷同，内部布局失当，功能单一而接近，易造成审美疲劳。庆元县的自然条件优越，应当以鲜明规划特色展现规划区域风貌，使之有明显异质性，利用原有的人文、自然资源创造独特的景观形象和游赏魅力。根据发展定位和现实更新推进过程总结来看，分为以下几种开发定位的类型：

1. 传统山居肌理布局型

庆元的小城镇形态因为少地多山，受到地理区位影响的因素比较大。在长时间的发展过程中，积极地拓展土地，寻求发展资源。大部分的小城镇由大型传统的农业产业集镇和村落发展而来，具有原始的沿溪河轴线布置的形态。时至今日，依然有着历史传统风水规划的痕迹。这些因地制宜的格局、布局方式，到今天依然有其生态学的意义和保存其历史价值的意义。

庆元举水乡的月山村，就是很好的例子，正所谓村庄的风水，云遮雾绕的远山，宗族的悠远来龙，山明水秀的环境，祖先择址开基的功德；水口、村巷、殿宇彰显出村落的匠心布局；任意一处雕刻、绘画或文字，都有其设计的玄机……有很多生动的传说流传百年。

选址根据《周易》理论，村庄布局的理想风水格局如图 5-16 所示：祖山，基址背后山脉的起始山；主山，少祖山之前、基址滞后的主峰，又称来龙山；朝山，基址之前隔水及案山的远山；少祖山，祖山之前的山；案山，基址之前隔水的近山；龙穴，即基址最佳选点，在主山之前，山水环抱之中央，被认为是万物精华的"气"的凝结点，故选为最佳的居住福地；在进村必经之路上设置关口（圣旨门）形成护卫之势，象征其保护村落平安的作用。

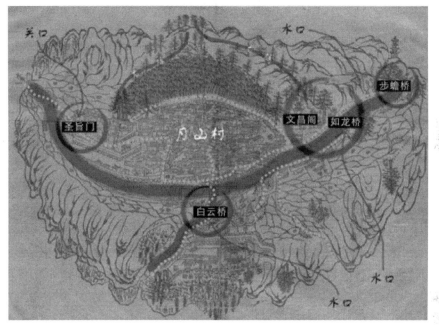

图 5-16　举水乡月山村理想风水格局
（来源：规划设计文本，历史资料，庆元住建局授权）

农耕社会中，水是村民的财富（即举溪），处理水的来处和去处尤为受到村民的重视。因而举溪水自北而下，选择在村南投谷地瓶颈处设置两道水口，即是如龙桥与文昌阁、步蟾桥，符合风水上关水聚财之说。另据村民口述，白云涧上的白云桥也是月山风水布局中的一道水口（图 5-17）。龙脉沿着月牙形的月山山脊，上有松树鳞片象征着龙脉的走势。

"日月同辉"是源于举溪东岸"松篁阴翳"的月形月山与西岸圆形的徐山，正好构成了"日月同辉"的格局；"七星拱月"则是在村落建成的过程中，先民在地里田间堆起七个土包，象征七星，月山形成"七星拱月"之势。虽然其具体位置已经无法考证，但这些手法的确在烘托月形月山在月山整体风水格局中的特殊地位。另外还有"半月烟居半月山，山环水抱一轮月"，其

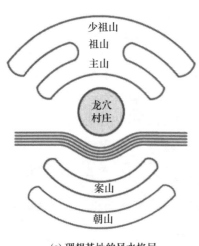

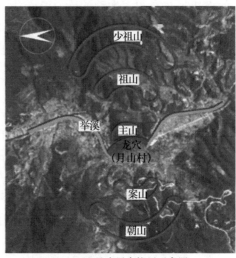

(a) 理想基址的风水格局　　　　　　　(b) 月山风水格局示意图

图 5-17　理想基址的风水格局在月山格局的示意图
（来源：规划设计文本，历史资料，庆元住建局授权）

中烟居是指村落民居，形为凸月；山为月山，形为凹月。凹凸两月在举溪东岸形成一轮明月。

　　月山村以旅游策略作为总指导，保留传统山居肌理布局，打造"一溪两岸、一带五区"的旅游功能分区，以一条举溪串联两侧的河岸空间，建设各具特色的田园休闲区、月文化展示区、民俗分布区、综合服务区和生活体验区，见图 5-18。

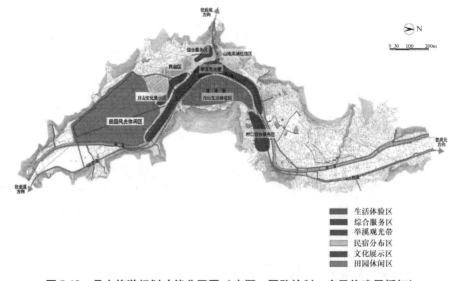

生活体验区
综合服务区
举溪观光带
民宿分布区
文化展示区
田园风光休闲区

图 5-18　月山旅游规划功能分区图（来源：团队绘制，庆元住建局授权）

2. 现代产业主导发展型

竹口镇作为庆元县域门户小城镇，现代农业产业效益良好，工业经济快速发展，尤其是铅笔产业特色鲜明。竹口镇制笔产业兴起于20世纪60年代末，铅笔年产量巨大，逐渐形成铅笔、笔芯、橡皮、胶水、印刷包装等系列制笔产业链。在铅笔产业不断成熟的同时，竹口镇的建成环境更新围绕铅笔文化产业进行建设发展，发挥集聚优势，加大基础配套设施投入。现代产业主导的竹口镇人口聚集度高，商贸服务繁荣，其建成环境更新应围绕优势特色产业逐步发展休闲旅游产业，将工业产业与生态资源相结合，成为独特的生态旅游、休闲度假资源。

竹口镇总体风貌规划分为老镇特色风貌区、城镇拓展风貌区和乡村生态风貌区。三个片区结合整体的结构进行分区，沿S229省道形成对外发展轴，沿中心大道、竹口镇老公路分别形成两条城乡风貌轴，见图5-19。

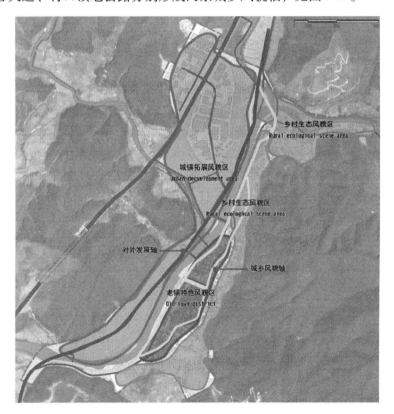

图5-19　竹口镇总体风貌规划分区图（来源：笔者团队绘制，庆元住建局授权）

淤上乡自然条件优越，是最主要的粮食产地，在粮食种植富足之外，大力发展特色产业种植，这里毛竹资源丰富，具有历史悠久的竹编手工业。故在优良的农业产业与毛竹产业基础之下，以园区为依托，将建成环境更新以发展生态农业园为重点，集休闲度假、观光旅游与生态农业体验于一体，挖掘近郊休闲旅游发展潜力，激发活力、提升魅力，将文化元素融入建设，进一步丰富农业产业的内涵，逐步推进乡村旅游发展。

淤上乡总体风貌规划利用现有的城镇山水格局、功能布局与特色，打造"城田互融，两廊交错，四区共生"的总体空间风貌格局，见图5-20。龙后线景观廊道用以综合展示淤上现代民居风貌、商业风貌、田园风貌，塑造整洁有序、环境优美的乡镇形象。安溪亲水廊道以溪水两侧绿化、沙滩和亲水游步道为载体，通过对淳安文化的展示，打造一条宜游的滨水长廊。城镇拓展风貌区主要包括乡政府为主的现代服务中心和现代居住所形成的小城镇风貌特色集聚的城镇拓展风貌区。传统民居风貌区以中心路两侧古民居群落为主。淳安特色风貌区以淳安移民为主，形成淳安新区。生态休闲风貌区主要是以安溪、龟田垟山所形成的山水休闲区。

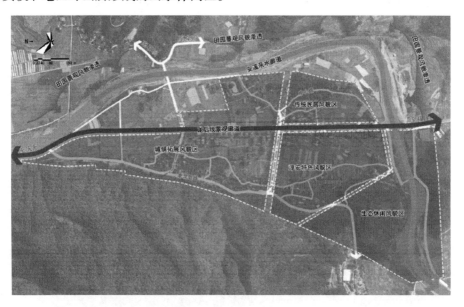

图5-20 淤上乡总体空间风貌规划图（来源：团队绘制，庆元住建局授权）

3. 生产居住绿色兼顾型

黄田镇位于庆元县小城镇开发带上，山水资源得天独厚，林业资源极其丰富，文化底蕴深厚。故黄田镇在建成环境更新上主要围绕产业发展与生态居住和谐发展的思路开展。现有主要道路为中心街，以中心街为轴，将黄田镇分为西部生态居住区和东部集中产业区，见图5-21。产业区以当地竹木特色产业为核心，与西部生态居住区相依相偎，相互作用。沿山体生态居住带形成慢生活街区，成为传承的脉络、生活的记忆。沿高速窗口产业展示带则可凝聚本土产业及延伸产业，提升整体形象。优质的生活环境提供创业基础，加快产业转型与产品升级，产业的发展为居民带来更好的经济发展，提供更多的工作岗位，提升生活的品质。两带看似独立实则互依。

图 5-21　黄田镇规划结构（来源：团队绘制，庆元住建局授权）

以黄田镇的山水格局为基础，以黄田溪、中心街和旧省道为依托，对乡镇空间进行景观风貌提升，形成"一带两街四区"的整体风貌格局。"一带"是指沿黄田溪打造水岸绿道，串联山水风光、体验田园风情、感受商业街区。"两街"指的是通过对新旧两条省道的交通秩序整治，给过往车辆留下良好的黄田形象。"四区"指的是充分尊重黄田镇各个区域建筑风貌的现有状况，将其分为黄田城镇核心示范区、民族特色保护区、山体生态居住区、黄田城镇风貌协同区四个主要的分区。"多节点"指的是围绕两条主要道路，打造多个节点，提升黄田形象。

5.4　建成环境多层级分级更新策略案例

从细分片区—片段—节点三个尺度进行更新方法的研究，按照从宏观到微观分三个空间层级来论述。在片区规划研究后期将会产生相应的更新项目库，针对每个建成环境的缺陷和不足，进行项目的梳理和对应性研究。

5.4.1　片区到片段层级分类更新案例

小城镇的片段，是在单体小城镇的片区划分下，按照城镇片段开始研究。片段可以是基于片区范围边界或者重要轴线的条形建筑空间，也可以是条形景观带或者建筑沿街面。在我们面对的实际案例里面，其实更多的是复合的一个城镇体系内容，对建筑、景观和基础设施等各种要素都包含的综合层级系统。按照主导属性占据的份额，可以将主要内容简单地分为街区片段、景观片段和工业片段等类型。其中，街区片段又可以分为生活街区、历史街区和商业街区等小城镇的常见类型。

在片区到片段的层级过程中，需要理顺点线面的三种逻辑关系，片区之下片段之上的线状逻辑，点状重要节点等内容。岭头乡是由横向水系发展而来的村落结构，自西向东数条轴线展开，见图5-22。自西向东分为特色镇域建筑风貌区、历史记忆风貌区、历史人文风貌区、山水田园风貌区和滨水景观区等几大片区。围绕片区边界分别有乡镇发展轴与生态景观轴两条线状逻辑线。片段上如入口公园、中心广场、胡氏宗祠与古树群等的节点打造，见图5-23和图5-24。三种逻辑线综合成"三片区两带多点"的空间结构进行细节更新。

从图5-25看，岭头乡现存建筑风貌多样且复杂，可分为三类：建筑基础良好，结构完整，多为混凝土；建筑基础较好，结构较完整，外形完好，多为砖石；建筑为泥墙木门、木质材料、灰瓦，留存较多，保存一般。针对色彩较为丰富的墙面，以刷白或以原有建筑相近的涂料进行粉刷，对原有瓷砖墙面进行清洗。对木门进行形式和颜色的统一，对卷帘门进行定期维护。

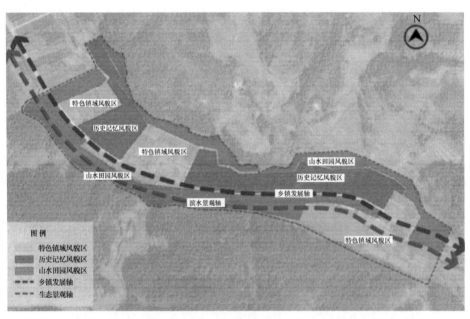

图5-22　庆元县岭头乡片区层级划分规划（来源：团队绘制，庆元住建局授权）

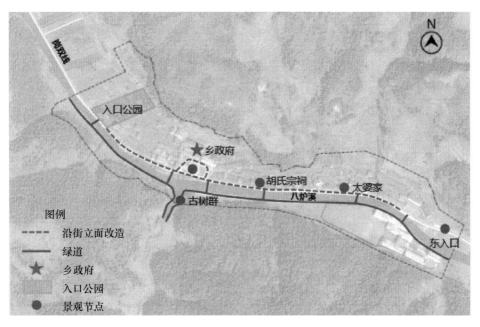

图 5-23　片区框架下人文和自然资源及重要现状节点分布图
（来源：团队绘制，庆元住建局授权）

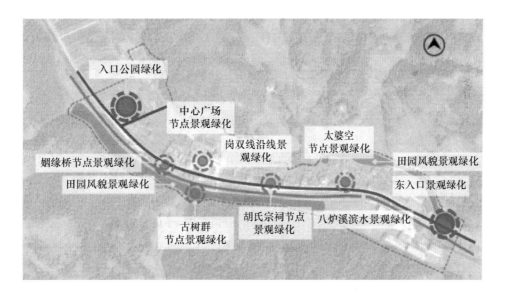

图 5-24　岭头乡段落和景观节点组织分布图（来源：团队绘制，庆元住建局授权）

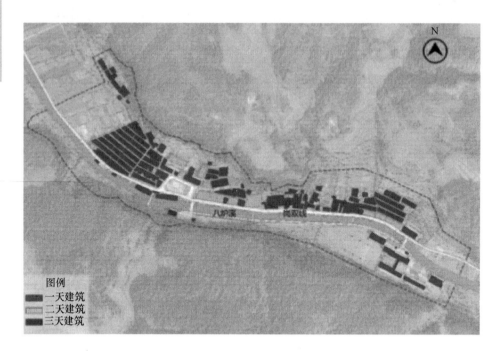

图例
■ 一天建筑
□ 二天建筑
■ 三天建筑

图 5-25　岭头乡现存建筑肌理分布调研图（来源：团队绘制，庆元住建局授权）

1. 街区的更新案例

位于浙西南的庆元县，由于普遍缺少工业化影响，城镇化水平相对较低。常见的生活街区类型往往是主要的核心主商业街区，带动一系列次级的传统古街巷和现代局部街巷的结合体。以发达地区小城镇的标准来说，大部分已经是属于城市街道的尺度和范围。然而在庆元县，由于还没有充分实现城市化的进程，大部分街巷依然狭窄，仅供人行的设置，不能满足标准道路的要求。这种街巷的更新过程更具有挑战性。因为基础设施建设相对落后，部分街区缺乏污水管网落地，水体景观被粗暴地掩埋破坏，需要细致梳理和提升，如举水乡的传统村落肌理的呈现，见图 5-26。

月山村的"逢源街"是最具举水特色的街区之一，一砖一瓦一水都蕴含着月山居民千百年来的回忆。设计团队在更新设计中始终把握一个原则：尽可能保留最原汁原味的月山人家，不追求现代化城镇的尺度和功能，定位在步行为主辅助车行的系统。

针对建筑外立面更新采取的方案是：保留原有石墙的基本构成，局部修补破损处；统一对檐口的设计，借鉴月亮表面的白色与青瓦的灰色作为建筑立面的基准色，灰色石墙面裸露在外，还原质朴的感觉；采用木质门窗和栏杆，呼应溪边廊桥技艺，与有成熟技艺的工匠们共同为建成环境的更新做出最合适的设计；将平屋顶改造成坡屋顶，加上灰瓦片，不仅统一风格，也增加了古典韵味，更利于屋面排水，增加屋面抗压防水功能，见图5-27。

图 5-26　举水乡经过新农村改造后遗存的传统村落肌理
（来源：团队绘制，庆元住建局授权）

（a）"逢源街"建筑外立面现状图

（b）"逢源街"建筑外立面改造意向图

图5-27　"逢源街"建筑外立面现状图和改造意向图

（来源：团队拍摄绘制）

针对街巷空间的更新方案是：增加水渠宽度，形成流水潺潺的声音和视觉效果，广泛种植桂花树和盆栽，形成宜人的绿化界面和适度的场所公私分离感，保留青苔砖墙和铺装等岁月痕迹；在建筑外墙上悬挂有统一设计和规划的月亮文化标志的灯笼和门牌，保留原有传统特色商铺招牌，仅作基本修缮，打造水街特色；通过沿街灯杆、街道家具的规划设计，强化月山本土特征，丰富街道生活空间。目前这一街区创造了很好的农家乐业态，吸引了大量的游客来访。

如果更细致地分析，可以发现有一硬伤依然存在：即便是尽了最大努力在实现最原始的建筑和街巷风貌，但其实月山村之前都是木结构的房子，大量的原始建筑由于前几年的盲目搞新农村建设，已经全是砖混结构。当时的善意投资，在短时间内抹杀了原有村落体系的内部街区形式，取而代之的是全新现代建筑的居住社区体系。如果能够在一开始就采用尊重原始木结构的方式，可能现在会有更好的实际效果。这是一个宝贵的经验教训：历史建筑的修缮改造务必尽心尊重文脉，否则就可能使一个时代经典古建筑的不经意消亡。

相对而言，同样是形同片区形状的且远在更大山深处的龙溪乡却是另外一种情况。龙溪乡位置更偏僻，同样也是自古以来形成的有历史肌理的片区居住区。可是从某种意义上来说，它的历史街巷空间的利用和开发可能更为成功（图5-28）。当然，前提是原有街巷保留完整，使其可持续更新的开局就具备了还原古建筑、古韵的根本先机（图5-29）。

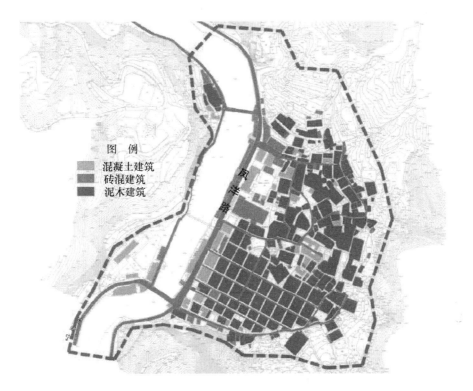

图 5-28　龙溪乡新建混凝土结构住宅和砖混住宅以及
泥木建筑的比例示意图（来源：团队绘制）

图 5-29　龙溪乡传统街巷空间的现状保留（来源：团队拍摄）

2. 街巷更新案例

生活化的街巷空间和商业化的街巷空间，在庆元小城镇普遍城镇化不足的情况下，边界并不明晰。拆迁不彻底导致部分街区的形态带有很多历史建筑的存在，但是却在蓝色屋面和加建钢棚的衬托下显得怪异。生活化空间的趣味显得很充分，市民化的烧烤和日常化的餐饮显得十分接地气。商家自发的更新行为在笔者眼中显得弥足珍贵，这是由门店商业竞争带来的良性的自我更新，见图5-30和图5-31。

图 5-30　庆元县府后街沿街商铺某处改建过程
（来源：笔者自摄）

图 5-31　庆元县府后街某商铺改建后效果（来源：笔者自摄）

之前介绍的大部分山区小城镇的发展基本沿着河流的走势在山间逐级展开，因此，自古以来沿水体的街巷空间一般是山区小城镇空间的重要形象界面，岭头乡沿河系列沿街界面改造效果如图5-32所示。

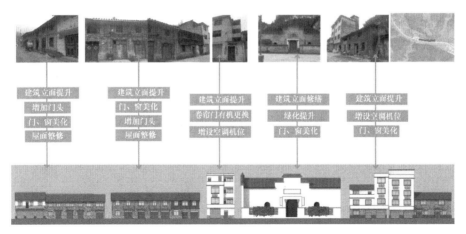

图 5-32　岭头乡的沿街面改造做法细节（来源：团队设计）

5.4.2　小城镇片段到节点层级更新案例

小城镇节点打造的重要性毋庸置疑，局部节点甚至给人炊烟袅袅和枯藤老树的感觉。意境是小城镇建成环境打造的重要维度，也是城市设计师难以把握和体验的一个环节。因为缺乏对这种生活的体验，单纯凭借所谓的向往和激情是难以实现的乌托邦。

比如马致远的《天净沙·秋思》由4个画面、4个场景组成，共有枯藤、老树、昏鸦、小桥、流水、人家、古道、西风、瘦马、夕阳、断肠人、天涯12个名词，作家将这12个看似毫不相干的名词巧妙地拼合连接起来，组成了这4幅优美的画面，真正做到了诗中有画。表面看本曲并无华丽美妙之处，然而，正是作家看似不经意的名词整合却成就了这千古名篇。

因此，首先要将建筑的定位放到谦虚的位置，不能强调建筑现代元素的强势效果，而是以能和环境互动的程度，成为空间物质材料的组织者。其次，必须强化对空间营造和材质应用。庆元小城镇的节点定位和打造分为高山台地类型和平原农作类型两类，按照所处的小城镇片区和片段的功能来区分不同、分别营造，以时间为轴，一年四季和一日不同景色意境也有不同的效果。

徐甜甜的大木山茶室建在湖边5棵梧桐树旁，由一个公共茶空间和两个独立庭院茶室组成，设计师希望这是一个简朴而谦逊的建筑。在松阳茶田之上简单的一组建筑并不张扬却很符合场景的意境，竹亭形态参照茶农自建休息亭，兼顾休憩与活动，尺度设定介于小广场和传统单体亭子两种之间，随着茶田高差自然起落，与远处山脉产生对话，如同漂浮的村落，满足不同人群的功能需求，也体现松阳古村落文化，并充分结合了茶园的自然生态环境。

松阳盛产竹子，用其作为建构材料，对茶园生态几无影响，而且施工速度很快。一系列单体竹亭和平台，如同当地村落顺地势排列，贴近茶田，并自然围合出小小的庭院。茶室除了可以品茗，也能给众多活动表演提供空间：围棋比赛、松阳高腔、现场艺术表演等。

建筑只是一个容器，茶室的存在不是为了表现自我，而是周围环境里的各种自然元素都在这个空间里一一展现。建筑空间的背景是深色的清水混凝土，下午的阳光会把斑驳的树影和湖面的波光投射在墙面、屋顶，给静态的建筑空间带来流光溢彩。

1. 小城镇关键门户节点空间营造

第一类，公共建筑和公共空间的营造

举水乡月山村村前溪水曲似银钩，村庄坐落其间，是小桥流水人家的最佳体现。然而河道景观形象不足，生态植物缺乏在结构布局上的融合；道路绿化比较单一，集中绿地较少，养护管理不到位，绿化效果不佳，缺乏门户景观节点，见图5-33（a）、图5-34（a）和图5-35（a）。保持月山村现状山体格局、自然山体风光，保护起伏的山体轮廓线，对裸露的山体进行覆绿，在实践中将设计变成营造，与现场融合，在场所中见缝插绿、开墙透绿。

(a)月山门户公园改造前状况（来源：团队拍摄）　　(b)月山门户公园改造效果图（来源：团队绘制）

图5-33　月山门户公园改造

(a)月山入口改造前状况（来源：团队拍摄）　　(b)月山入口改造效果图（来源：团队绘制）

图5-34　月山入口改造

(a) 月山河道整治前状况 (来源：团队拍摄)　　(b) 月山河道整治效果图 (来源：团队绘制)

图 5-35　月山河道整治

门户公园节点绿化杂乱，缺乏景观节点的体现。在更新改造中，绿化景观做了提升，在文化上做了增加，营造整体融合的效果，见图 5-33（b）。入口处本没有绿化，整治改造过程中加入花草树木丰富空间组成，从而美化入村第一印象，也与村落秀美的自然风光相呼应，见图 5-34（b）。河道生态植物应追求顺应自然，强调水与生态共存，视觉上应整洁、更有层次，见图 5-35（b）。

第二类：巷弄格局和空间层次的改造

改造包括：对街道格局尚存、小尺度的巷弄都保留有传统尺度和特色的空间格局，路面材质采用块石与卵石相结合的处理方式进行铺设；保持现状传统肌理、宜人尺度和空间尺度，并使之贯通、连接；根据现有的建筑格局，合理利用建筑的前部空间，因地制宜地控制古村民居的庭院空间建设；在适宜的建筑前方规划休闲庭院，种植毛竹等绿植。

第三类：水系格局片段的保护

保护包括：对构成整个古村的水网格局的明暗排水沟渠进行整治，通过引活水对村落内局部残损或填埋掉的排水沟渠进行疏通和恢复，增加古村灵动性。

水系景观系统界面的打造和提升：

以庆元淤上乡小城镇的水系统片段为例，可以细分成生态滨水、田园秀水和亲水汀步游道等自然主导的水景观片段系统（图 5-36），也有和历史居住区结合的淳安移民特色居住区水系片段，以及旅游开发主导的平原河滩景观片段等人工主导的片段。在片段系统下的具体节点结合各自特点逐级打造。

滨水游步道适当增加沿溪的生态绿化界面，在充分保证防洪要求的前提下，破除原先水利系统过分硬质河岸而导致破坏滨水生态系统的做法。以沿着游步道及挡墙设置景观文化墙等文化元素，结合建筑外立面改造的做法，形成山城小镇的潺潺溪水和建筑错落有致的空间感觉，见图5-37。

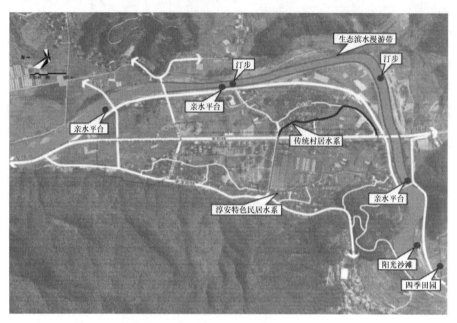

图5-36　淤上乡水系景观片段-节点分类规划图（来源：团队绘制规划文本）

生态滨水漫游带

规划在滨水游步道外侧增加沿溪绿化，在沿游戏步道及挡墙设置反映民俗民风的宣传墙、沙雕、造型挡墙、水缸等小品。清理唯边建筑外立面上的"牛皮癣"，沿岸民居逐期打造为民宿，提升集镇魅力能力。

图5-37　滨水汀步系统的景观打造（来源：团队绘制规划文本）

交通沿线绿道水体景观则通过高差设置，将人行流线置于近水一侧，避免了噪声对休闲人群的打扰。适度做宽水面景观并且设置点状阵石，从而增加空间趣味性，不应该因为是道路交通性景观设置，而不重视从车行视角对景观层次和山体环境视觉效果，见图 5-38。

图 5-38　交通沿线绿道水体景观设置图（来源：团队绘制规划文本）

在淤上乡的主要水系的下游有比较宽阔的河滩，结合当地旅游发展的需要适度打造成阳光沙滩的效果，适度引进沙滩排球和竹排漂流等体育活动。与水系农田灌溉相结合，将周边农田打造成四季田园景观，见图 5-39。

阳光沙滩

　　规划清理沙滩散落的垃圾，加强沙滩周边绿化，沙滩上可摆放一些遮阳伞、躺椅、坐凳和瞭望塔，沙滩西部作为沙滩排球场地。沙滩附近安排竹排漂流活动。在道路南侧新建服务用房，南部农田整治为四季田园景观。

 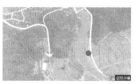

图 5-39　淤上乡四季农田和景观水体沙滩设计（来源：团队绘制规划文本）

由此可见，不同水系在小城镇建成环境提升过程中的应用比较广泛，根据不同特点进行分类和设置会有很好的效果。建议根据当地实际情况进行客观产业分析，切忌一味追求大山大河的恢宏感觉。不同定位的小城镇环境特质，应有不同的空间营造设计方案，见图5-40。

淳安特色民居水系

清理水渠内的淤泥，水渠上风貌较好的洗衣平台，建设为亲水平台，周边墙体上可以设置一些宣传画廊。

保留路边烟草烤烟房，烤烟房周边空地进行绿化，烤烟房进行整治，增加坐凳，开放烤烟房作为休息点。

图 5-40　庆元淤上乡淳安移民特色单边水街（来源：团队绘制规划文本）

淤上乡20世纪50年代由于修建新安江水电站，有大量的新安江移民来到了淤上并且在此长期居住。由新安江移民聚居的历史社区，也带来了不同于庆元本地的集镇规划体系，其中最大的两个特点就是狮形的门口和门前的水系。这两者是丽水庆元地区作为传统山区所不具有的历史特征，需要根据实际情况的需要，酌情恢复这种特征。比如清理河水的淤泥恢复水体，将原先的传统洗衣平台拓展成亲水平台；保留原先的烟草烤烟房，保留其传统工艺空间，供游客体验当地烤烟制作的工艺；保留富有新安江地域特征的狮子门型牌楼，彰显地域特色（图5-41）。

第四类：园林绿化提升

第四类包括：充分利用闲置用地和规划拆除建筑后的用地，建设面状的公共绿地，衬托出古民居的古朴历史感。

2. 小城镇关键片段建筑意向挖掘

除了有保护价值和建筑记忆的历史遗留建筑以外，还有部分旧建筑，可能其历史价值和工艺价值并不突出，却是民众集体的记忆保留，是一种不可缺少的生活环境，也是一种生命印记。原汁原味的建筑最具历史生命力，不应随着历史的发展全部摒弃过去的回忆。

对于路人或游客而言，对一个场所的认知可能是建筑的本土材料、生活素材、建筑形态。现代都市生活压力过大，每个人都需要"第三空间"，一个家庭和工作之外的社会聚集场所——能够满足城市居民对乡村生活所追求和向往的"山、水、田、林、建筑"。建筑形态是场所的时代标记，但很多规划设计并没有挖掘其本真文化，只是将文化表象放大或复制。故沿河建筑应"得影随行"，建筑与水自然结合，只做拆违更新提升，让天然水体的倒影一起组合成美丽画面，见图 5-42。

图 5-41　庆元县淤上乡淳安移民历史街区双向水街景观整治（来源：团队绘制规划文本）

（a）月山村建筑改造前状况　　　　　（b）月山村建筑改造效果图

图 5-42　月山村建筑改造（来源：团队拍摄、绘制）

竹口镇作为铅笔业特色小镇，"竹"元素和"铅笔"元素是更新建设中被挖掘提炼的重点。竹口镇总体风貌分为老镇特色片区、城镇拓展片区和乡村生态片区，三个片区中老镇特色与乡村生态两个片区以传统民居为主，城镇拓展片区以现代小城镇风貌为主，采用现代建筑风格，主要为工业生产、行政服务等的功能定位。老镇特色与乡村生态两个片区建筑特色各有特点，更新策略各异，表5-3为两个片区建筑特点和更新手法的概括。

表5-3　竹口镇片区建筑特点与更新手法

片区	建筑风貌特色	街道空间改造策略	景观环境改造策略
老镇特色风貌	以中式简约建筑风格为主，保留整体传统建筑风貌特色；居住建筑高度控制在15米以内，公共建筑控制在20米以内；建筑色彩以暖灰色、黄色为主，不使用中高艳色系作为主色	保留原有街道尺度，凸显街巷空间特色；打通断头路，加密支路网；合理布置非机动车停放空间，禁止机动车进入 主要街道、公共空间周边区域要求建筑贴线；建筑退让较大的沿街空间应结合打造小广场、小公园等空间	道路绿化以低矮的本土乔木为主，避免对街巷两侧老建筑特色视线的遮挡；对公园广场的绿化进行功能性提升 主要节点进行特色形象塑造；主要街道、广场等空间布置环境设施等小品，与本土氛围融为一体，如铅笔元素的垃圾桶，凸显地域文化特色
乡村生态风貌	以传统浙派民居建筑风格为主，建筑高度控制在15米以内；以传统粉墙黛瓦色系为主，禁止使用中高艳色作为主色	构筑曲径通幽的村落道路景观形象；强化内部池塘水系周边的慢性体系打造，并提供完善的各类换乘等驿站功能 一般居住建筑留出公共通道，无严格的建筑退让要求；重要公共建筑周边留出一定的空间退让，结合景观小品，打造舒适的休闲环境	以自然生态景观和田园坡地景观为主；内部道路绿化保持乡镇特色，以本土石材、当地植被还原本真意蕴，避免过度修饰的城市化僵硬 村入口处布置特色标示标牌；内部结合慢行系统布置各类慢生活、休闲等主题雕塑

图5-43和图5-44为竹口镇两个片区更新意向图展示风貌，老镇铅笔产业元素极具特色，生态风貌片区呈现原汁原味村落生态与传统特色。

图5-43　竹口镇老镇风貌片区更新意向图（来源：笔者自绘）

图 5-44　竹口镇乡村生态片区更新意向图（来源：笔者自绘）

3. 非物质文化和公共空间的对应性营造

很多时候我们强调非物质文化的保护，却往往停留在将其视为非物质文化遗产的角度，很少考虑是否可以在现代发挥其生命力的应用性上。其中很重要一点，即是否有这样的公共空间，由老人传给年轻人的空间体系存在呢？

荷地镇镇域是华东地区海拔较高、面积最大的高山台地，平均海拔约1000米，是典型的高海拔乡镇。虽然荷地镇正处于农旅结合城镇发展的起步阶段，但其自身优越的自然环境禀赋和人文底蕴，对建成环境更新的可持续性有着至关重要的作用，自然环境的可持续发展与人文环境的传承是保证荷地镇生生不息发展的基石。荷地镇除了具有人文色彩浓厚的"荷地十景"之外，更是独特非物质文化遗产"二都戏"的发源地之一，镇域内有价值的古民居保存完好，亟待修复与传承。

"二都戏"是一种稀有的地方戏曲，其产生年代大致是在元末明初，古称"二都"的荷地、左溪与合湖一带是其发源地。"二都戏"的表演者大多为菇民自身，其形成和发展主要在庆元、龙泉、景宁一带的菇民区内，并且它的传承与交流也都与菇民的生活生产习俗有着极为密切的关系，故又被称为"菇民戏"。虽然"二都戏"已经被列入省级非物质文化遗产的行列，但如今却面临失传的窘境。在建成环境更新过程中，着力于保护非物质文化遗产也是确保建成环境可持续发展的人文保障。荷地镇秉承"修旧如旧"原则，将建筑风貌良好的电影院进行修复，并改造成文化礼堂，从商业公共空间演变为人文色彩浓厚的文化休闲空间，见图 5-45。培育戏曲文化项目，为"二都戏"文化提供更多的展示空间，计划将老年活动中心边的废弃厂房改造成"二都戏曲文化交流中心"，作为戏剧学习培训、创作和表演的基地，积极组织大型戏剧演出。同时，作为"二都戏"文化研讨中心，促进荷地"二都戏"文化与外界文化的交流，推动文化产业发展，激活核心片区文化功能。

图 5-45　荷地镇文化礼堂改造效果图（来源：团队绘制）

5.4.3　小城镇节点到微观层级更新策略

　　小城镇节点包括景观、基础设施和建筑的乡镇节点细节，是具有一定的标识性和转换性的空间组织点。小城镇建成环境的提升对关键节点的打造和建设具有很重要的意义，也是居民评价环境获得感最重要的环节之一。之所以将节点单独考虑，不仅仅是建筑风格，更因为节点在其中扮演决定性作用，一个关键节点的设置成败很大程度上是景观、基础设施和建筑风格系统性和谐的成果，如图 5-46。

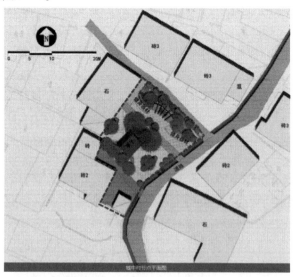

图 5-46　杨林镇某处搬迁留出的休闲空间平面布置图（来源：团队绘制规划文本）

在图 5-47 景观节点的营造上，为增强建筑立面的视觉效果（国学文化墙体）而增设休憩凉亭，用当地河道的卵石和青石板等铺砌道路，种植爬藤类植物进行绿化的补种，营造温馨大气的空间体验感。

在节点到微观层级的分类中，将城市家具这个概念应用到乡镇、小城镇家具（Urban furniture）的概念，比如旅游指引系统和一些城乡家具的设置细节上，小的细节线索可以引发大的环境认同感。

图 5-47　杨林镇入口景观节点细节打造步骤和内容（来源：团队绘制规划文本）

1. 地域风格在关键节点的实践应用

在庆元 19 个乡镇的建筑更新的风格定位上，各个乡镇都结合自身特点，因地制宜地选择与历史文化特征相符合的建筑风格定位。在交通不发达的过去，建筑材料和建筑工艺的发展没有今天迅捷，每个地区的经济发展更依赖本土的建材和建构逻辑。因此小城镇自身建筑风格的历史演化进程各异，如何去发掘和重新定位建筑风格，在当今使用要求的前提下，实现其自身传承的更新发展，是一个重要的课题。在节点设置中，建筑风格依然是重点体现地区特点的首要因素，必须充分重视和发掘。

庆元五大堡乡的特殊建筑形式就是一个很好的例子（图 5-48），锅耳形山墙，线条优美，变化大，据传说是仿造古代的官帽形状修建的，取意"前程远大"。因为它的形状像铁锅的耳朵，民间俗称锅耳墙，常用于祠堂庙宇等古代公共建筑（图 5-48）。

有些地区依照山墙的形状，将山墙分为五行山墙，分别以"金、木、水、火、土" 5 种样式来装饰，这来源于阴阳家的五行相生相克之道。而图 5-49

中的就是"火"型山墙，这类山墙在其他地区极为罕见，极具地方文化特色。这种建筑形式的结合对于定位五大堡乡和其他乡镇的差异化，是关键性因素。

建筑特色元素提炼

锅耳形山墙，线条优美，变化大，实际上它是仿照古代的官帽形状修建的，取意前程远大，因它的形状像铁锅的耳朵，民间俗称镬(锅)耳墙，常用于祠堂庙宇

有些地区依照山墙顶端的形状，将山墙分为五行山墙，分别是以"金、木、水、火、土"五种样式来装饰的山墙，来源于阴阳家的五行相生相克之道。而图中的就是"火"状山墙，在其他地区极为罕见，极具有文化特色

夯土建筑，也称生土建筑，自古有之，源远流长。夯土建筑具有亲近自然、节约能源、冬暖夏凉、造价低廉、工艺简单、造型优美等特点

图5-48　五大堡乡夯土山墙建筑风格分析（来源：团队绘制规划文本）

图5-49　庆元县五大堡乡锅耳形山墙特色建筑在村口节点的效果
（来源：团队绘制规划文本）

在这个特殊的村口节点设置过程中，更新策略应用得十分恰当，不仅凸显了建筑风格特色，也实现了河岸景观系统的统一协调。将桥头口这个公共空间节点进行打造，做到和谐互动。节点更新之前的对比，见图5-50。

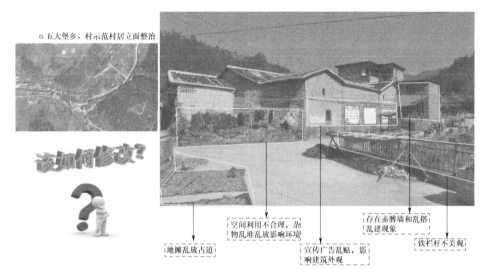

图 5-50 五大堡乡、村整改前情况反馈对比图 (来源：团队绘制规划文本)

2. 微观历史细节线索的发掘应用

微观尺度下的很多历史细节有很多的表征意义，目前很多小城镇都在积极挖掘和寻求属于自己的文化属性特征，这是一个很好的事情，预示着对自身文化特征的重视和区别于其他乡镇的特质的挖掘。大型的更新建设解决的是居民生活生产的基本问题，小细节的成败取决于对文化细节的深入挖掘。往往在建成环境的细节上能够体现出来对当地品质认同的最高标准。

荷地镇现状是古民居片区内风貌较好的，沿路多为二层泥木建筑，且这里水系清澈。古巷旁有3处建筑风貌保存较好的明清时期古民居，分别是三让世家、积善堂、继德堂。

历史建筑更新意义的线索体现在：

仅次要部位发生裂纹，残缺部分构件（不影响结构的完整性）的破损，如次要部位偶有缺角、瓦片脱落、窗格破损较常见；墙面抹灰多有剥蚀，墙上、瓦屋面、檐口常见苔藓与野草；清水砖墙砌筑样式多且精美。这些与建成环境固定特征因素相关的——建筑样式、建筑类型与空间组织、结构形式都体现了环境的消极意义，虽正在衰败，但仍具活力。传统环境的现代化是必然的发展趋势，现代化的更新首先需要关注固定与半固定特征因素的影响度，关注问题是不是出在历史建筑的空间形式及结构本身，而不是武断地破坏具有文化意义的固定特征因素——历史建筑。

荷地镇历史建筑的更新策略分为整体风貌保护、巷弄格局和空间层次的改造、水系格局保护和园林绿化提升四个部分。

其中，整体风貌保护包括：

对传统风貌的街巷、建筑、水系构成的空间肌理的保护；对具有地方传统夯土木构建筑风格的村落风貌的保护；对村落景观特色，包括建筑群轮廓线、沟渠水系、建筑群体特征（建筑高度、材质、形式和屋顶平面等）及古树名木的保护；对传统民居建筑按其价值和保存情况分别进行保护和整治；将传统风貌片区建筑瓦片逐步统一恢复为黑瓦。

荷地镇目前保存较好的、由三代人建造的 3 栋古建筑分别是"积善堂""继德堂""三让世家"。积善堂二楼楼厅为家庭学堂，是子孙读书学习的场所。更新除了是物质环境的更新，更重要的是文化的传承，故对这 3 栋古建筑重新修复、修旧如旧之外，将作为耕读文化传承基地，通过组织游客探寻耕读文化的脉搏，重拾"耕读传家"的家风故事，感受传统"玩艺"的魅力，体验真真切切的"耕读"生活，寓教于游，体验古色古香的耕读传家文化，弘扬中华优秀传统文化，如图 5-51。

（a）荷地镇历史建筑更新　　　　　　　　（b）墙面与门
意义线索（来源：团队拍摄）　　　　　　　（来源：团队拍摄）

（c）屋檐的破损线索　　　　　　　　（d）庭院整体状况
（来源：团队拍摄）　　　　　　　　（来源：团队拍摄）

图 5-51　荷地镇建筑状况

　　对微观的细节线索的提炼，还可以提炼引申出区域旅游开发的形态
LOGO，具有很高的识别性和对当地文化的自豪感，见系列案例图 5-52 ~
图 5-63。同样是耕读文化衍生出来的当地文化特质，结合建筑形态特征提炼
出很有标识性的文化特征。比如，五大堡乡将农耕文化和山水，科举等结合
形成的耕读文化 LOGO，以及碉堡和古道形成的要塞文化都是很好的旅游推广
的特点提炼，见图 5-52。

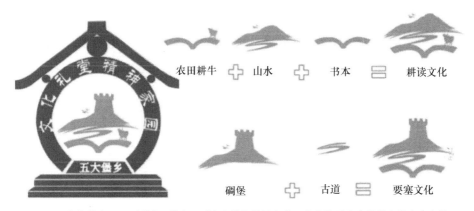

文化礼堂LOGO设计，结合了要塞文化与耕读文化，充分体现出文化礼堂的丰富底蕴

图 5-52　五大堡乡的传统元素提取抽象元素分析（来源：团队绘制规划文本）

设计将"岭"字变化，左边是山，下面是水，上面
是房屋，表现出岭头宜居的自然环境，隐喻了
"驿站""隐居"的概念。

图 5-53　岭头乡隐居标识设计

（来源：团队绘制规划文本）

设计直接将民宿并入LOGO，简单地运用了"民居""溪水""廊桥"三大元素，表达了岭头乡的发展定位。

图5-54　岭头乡溪水廊桥标识设计（来源：团队绘制规划文本）

方案一

该LOGO以简易造型的农家小屋、线条巧妙交融演变为黄色的沙滩、绿色的田园以及蔚蓝的天空相辅相成，体现了休闲农业、田园风光和幽静风情，彰显"闲云悠水、田园淤上"的主题。整体圆形的构图充分表达生产、生活、生态"三生"统一的内涵。

方案二

该LOGO有机融入了田园、山水、稻穗、乡村等造型，表达了庆元粮仓的地域特色，并勾勒出了一个空间清新、水质清澈、生态优美的美丽田园，整体突出"闲云悠水、田园淤上"的主题。

图5-55　庆元县淤上乡旅游标识设计（来源：团队绘制规划文本）

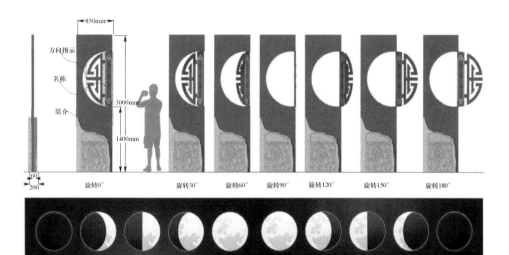

图 5-56　举水乡根据月山故事中的月圆月缺主体设计的指引系统
（来源：团队绘制规划文本）

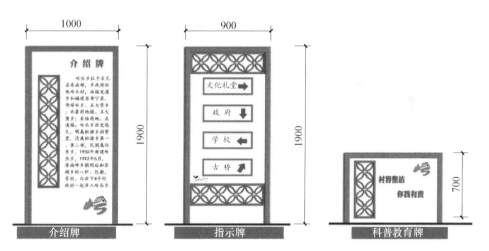

图 5-57　庆元岭头乡中式元素标识标牌设计
（来源：团队绘制规划文本）

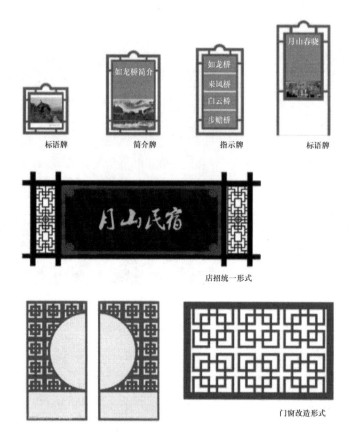

图 5-58　举水乡月山村民宿窗框细节和指引系统特色标识

（来源：团队绘制规划文本）

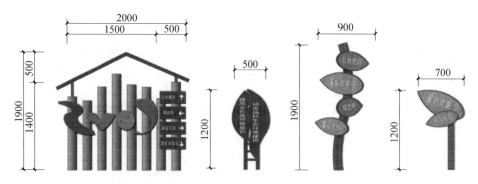

图 5-59　左溪乡鱼米乡野标识标牌指引系统（来源：团队绘制规划文本）

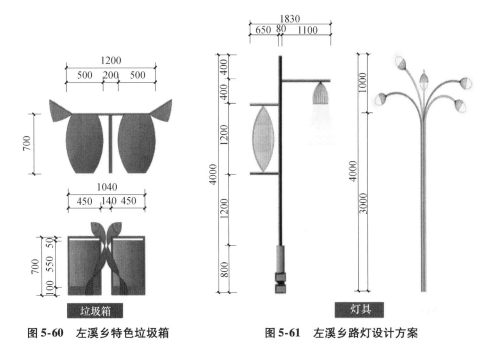

图 5-60　左溪乡特色垃圾箱
（来源：团队绘制）

图 5-61　左溪乡路灯设计方案
（来源：团队绘制）

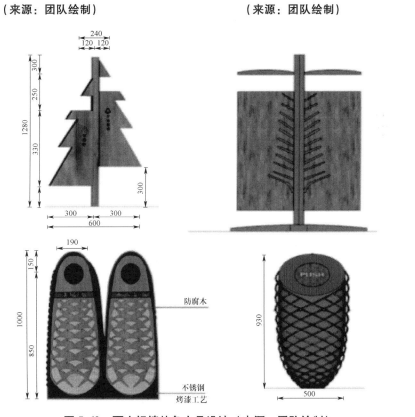

图 5-62　百山祖镇特色小品设计（来源：团队绘制）

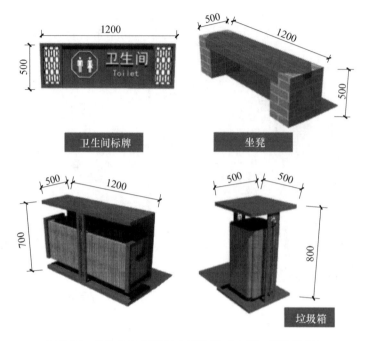

图5-63　岭头乡标识标牌小品设计（来源：团队绘制）

5.5　乡土营造技艺在建成环境更新中的应用

　　各地建筑方式的盛行和衰落有其历史必然规则，但是地处浙江西南山区的庆元，却有着大量的意想不到的历史文化传承物。主要原因在于其本身经济发展的滞后性，间接导致历史传承物保存相对完整。就像汽车文化的出现必定取代马车时代的道路，这些传承物的意义又在哪里？"历史"在现代的存在是否还有其积极的意义和必要呢？时代的沉淀化成历史的符号，将信息世代传承，提醒着人们过去对于未来的启发。

5.5.1　木——传统精神现代传承

　　木结构是我国传统的建构形式之一，比如我们在清明上河图中一眼就能看到一座木结构拱桥。文献和文字记载，这种编木拱桥是像筷子搭桥一样的桥梁结构，其奇特之处是即便到了今天，结构工程师也无法精确计算其承重结构。这种木结构在庆元的深山里得以最多数量的保存，这里还保留了最古老木拱廊桥和匠作传统。据史料记载，最早的木拱廊桥、现存寿命最长的木拱廊桥——如龙桥，单孔跨度最大的明代木拱廊桥——兰溪桥，廊屋最长的单孔木拱桥——黄水长桥，廊桥数量最多的村落——月山村，都在庆元境内历经风侵雨蚀，目前境内尚有 97 座各式廊桥，"廊桥之乡"实至名归。

目前作为历史景观节点的廊桥，其交通功能日益退化，变成了相对的辅助功能，主要功能向信仰场所转换。廊桥又名屋桥、风雨桥、蜈蚣桥，是在桥上加盖亭台楼阁等廊屋建筑而形成的特殊桥梁。在庆元，廊桥还有一名字为"风水桥"，原先山区水流很急，山体之间落差很大，这种简易却实用的交通性桥梁就应运而生了。除了交通的功用之外，世世代代的村民将其视为关乎人的祸福、家族的盛衰、村落的兴败之"风水"，成为当地人生命中一种具有神奇力量和无限想象的文化之舟，承载了千百年来人们对于现实生活中种种理想的追求、审美的表达、信仰的寄托、未来的期待，也逐渐成了地方文化或形象的象征。廊桥按结构可分木拱、平梁、石拱 3 种，在 3 种类型基础上，庆元廊桥的样式有所变化，大体可分为单跨式木拱廊桥、多跨式石墩木拱廊桥、伸臂式叠梁木廊桥、斜撑式平梁木廊桥、伸臂式平梁木廊桥、单跨式石拱廊桥 6 种[121]。

2009 年，浙闽木拱桥的营造技艺作为中国木拱桥营造技艺，列入联合国急需保护的非物质文化遗产名录，这一套在浙闽山区发展成熟的技艺真正作为匠作得以认可和传承。然而，联合国教科文组织也在其官网中写下他们对木拱廊桥技艺的担忧—— "The tradition has declined however in recent years due to rapid urbanization, scarcity of timber and lack of available construction space, all of which combine to threaten its transmission and survival" （缘于最近几年的快速城市化、木材的减少和现有建筑空间的不足，这些因素的叠加威胁到了这项传统技艺的传承与生存）。这些因素也是小城镇建成环境更新过程中最值得我们思考的，如何在最大限度上既保存了技艺，又能使得这项传统技艺被更多的人所熟知，并自发地对其进行保护。此处最合适的策略即以人为本、做贴合生活的设计。

在月山村历史上，有一位曾经的风云人物吴懋修，他曾任南明政权兵部司务，兵败后返回庆元老家。在地形闭塞的庆元，士绅的影响力要远超其他政权。作为古代士绅阶层优秀代表的吴懋修对月山村格局进行了重新规划，带领全族人营造了一处隐于深山的"故国遗村"。他主持营造的吴文简祠和修缮的多座廊桥、规划设计的船形房屋聚落，都一一铺展在月山村这幅山水长卷上[121]。即便到了如今仍有乡贤齐聚一堂，他们多是取得过功名的退休官员、返乡隐居的文人儒生、见多识广的望族长辈、财富学识兼备的儒商，为家乡的建设出资出力。他们在廊桥建设大舞台上扮演着总规划师的角色，或亲自参与廊桥设计，或出资捐造廊桥，为廊桥建设和文化传承立下了不朽之功。

庆元木拱廊桥营造技艺传承人吴复勇师傅于2014年在大济村新造了一座木拱廊桥，既满足了村民生活的实际需求，更是千百年来当地居民文化传承的载体、寄托信仰的精神家园。从北宋廊桥双门桥诞生至今，廊桥建造工艺在大济村传了近千年。吴复勇正是当年建造双门桥工匠的后人，其祖父吴萃平、父亲吴太荣都是建桥的大师傅。近百年来，祖孙三代在浙闽交界的庆元、景宁、泰顺、松溪等地参与建造了30余座廊桥，是著名的造桥世家。

首先，廊桥古建的保护更新策略基本原则是保护第一，保护村落整体风水格局和文化特征，保留和整饬周边绿化、水系等环境，保护文物建筑。在建成环境更新过程中，廊桥师傅们也意识到传统技艺的生存危机，他们自发修缮、新建多座廊桥，并组织廊桥建筑爱好者现场学习。

其次，开展廊桥文化传承的各类活动，将廊桥文化传承与艺术、教育活动结合，促成现代桥梁建筑与古廊桥间的紧密联系。将廊桥文化引入课堂，引导小、中、大学生参与到国宝廊桥的保护与传承中来。从小学生的材料利用表现廊桥，到大学生的廊桥模型摸索，再到对廊桥文化的宣传、绘画与摄影多领域艺术衔接，做到多方位、全面的让庆元廊桥文化走向更广阔的天地，见图5-64。

（a）廊桥文化现代传承策略——　　　　（b）廊桥文化的剪纸艺术
　　学生活动（来源：活动拍摄）　　　　　创作（来源：活动拍摄）

图5-64　廊桥文化传承与剪纸艺术创作

最后，将廊桥文化融入街巷、立面的设计中。举水乡巷道众多，择一风情展示巷道，将优秀的剪纸艺术作品、摄影作品等以不同方式展现人文举水。同时也可以充分连接巷道空间，丰富立体景观。拆除下来的旧木料重新打磨后成为建筑立面上的点缀物，既保持了建设风貌的和谐统一，又无形中渗透着节约和循环利用的环保理念。

在小城镇更新过程中，局部景观设置中笔者也积极鼓励复兴传统工艺的尝试和实施，毕竟任何工艺最终的生命力都来源于实践和现实需要，如果没有了市场和客观的需求，努力保存都将显得没有意义。只有在实践中去使用去尝试才会有生命力，哪怕过程是简单的甚至是幼稚的，依然有顽强的生命力。

图 5-65 是贤良镇微型廊桥的具体施工搭建过程。这次在贤良镇的小城镇建成环境更新的过程中，将河道的整治过程和局部微型廊桥元素进行尝试实践，收到了一定的效果，本土技艺的实践和景观溪涧体系完美的融合在一起。整个建造过程以村民为主自发搭建，包括拆除周边大量沿河违章建筑而形成的休闲空间的打造，都是由村民自发发起的自我更新实践过程。这一行为具有很积极的意义，也是乡野之间这些淳朴民众在没有建筑师的建筑上的伟大实践和尝试，见图 5-66 ~ 图 5-68。

图 5-65　庆元县贤良镇微型木质廊桥搭建过程图（来源：笔者自摄）

图 5-66　木质手工构建的制作（来源：笔者自摄）

图 5-67　庆元县贤良镇自发搭建的沿河廊道（来源：笔者自摄）

图 5-68　加建的沿河廊道内景（来源：笔者自摄）

5.5.2　石——匠心石乡挖掘应用

　　江根乡坐落于山坳之中，群山延绵、峰峦叠嶂，拥有千年古村——坝头村，其文化底蕴深厚、石匠众多、石材建筑工艺闻名遐迩，被称为"石匠之乡"。江根乡石匠精神传承多代，在这次小城镇建成环境更新中，将石匠元素恰如其分地融入细节的打造。石材优于木材，更有利于对抗时间的摧残，江根地处山区，很早就有开采加工石材的历史。在德清的莫干山区，随处可见石材质地的民居存在，相比较而言，江根乡的石材加工更偏重基础设施的装饰性加工，而非纯石材建筑的建造。对于景观的打造，我们特别注意对石材历史留存的发掘和研究，想用历史叙事的方式，尽量将原先历史材质的故事和环境的关系理顺。

在这次小城镇更新的过程中，尤其注意在拆旧过程中保留旧石墙，在房屋修缮和庭园改造中使用废旧石材，用石材修复石桥、石路、石墙。垒石为坝、架石为桥、砌石为墙、筑石为道，最大限度保留江跟"石头"的历史印迹。从村内收集古朴石材小品，在入口节点和景观花园中进行布置，提升石匠文化景观。石砌门与石墙造就的古巷道蕴含了丰富的历史文化，极具独特魅力，见图5-69。

（a）石匠文化墙（来源：团队拍摄）

（b）石材小品
（来源：团队拍摄）

（c）石窟门
（来源：团队拍摄）

（d）石墙与古巷道
（来源：团队拍摄）

图5-69　江根乡石匠文化

江根乡文化礼堂是为数不多、保存完整的全石砌建筑，在本次更新中为传承江根石匠文化，将礼堂的改造作为石匠文化凸显的重点。除保留原有石砌建筑原貌外，主要增加门窗套，提升古朴风貌，与建筑整体风格协调一致；对卷闸门进行改造，统一古朴元素；礼堂内部增加石匠文化展示雕塑与相关展览，宣扬石匠文化；鼓励更多有手艺的石头匠人回乡参与家乡建成环境更新建设（图5-70）。

（a）江根乡文化礼堂改造前状况图（来源：团队拍摄）

（b）文化礼堂改造（来源：团队绘制）

图5-70　文化礼堂改造

5.5.3　泥——残墙文化景观复兴

黄泥夯土墙体和木制框架屋顶这一类型建筑，是浙西南普遍存在的一种类型。黄泥墙建筑是由植物纤维和泥土结合而成，建筑的墙体比较厚，热阻和热惰性指标比较大，从而使室内形成冬暖夏凉的舒适居住环境。以草拌泥筑墙可以增强坚固性能，使其不开裂缝，居住面用土垫平，然后夯实或烘烤，使其坚固耐用。

草泥墙的建材全部取之于自然，建造和使用过程中不会污染环境，废弃的草泥墙建筑可以直接回归农田，是一种环保的工艺。黄泥墙是与生俱来的大自然的产物，也是人类最原始、朴素、自然、温馨的建筑材料。泥，也叫泥巴，即土和水的混合物。泥巴涂料，就是具有泥巴黏性、和易性的涂料，外观为彩色土状粉体，现场加清水搅拌成泥，通过不同工法涂抹上墙。

原清华大学建筑系主任许懋彦在丽水松阳实践的木香草堂，很好地实现了传统泥墙和木构建筑的创新应用。对闲置的废弃老屋进行保护性改造，保留房屋的外立面，室内做了木屋效果的装修。木香草堂原本是座占地约200平方米的老房子，上下两层，共4间老屋。茶室的外面便有一处小院子，种了些草花，与沧桑斑驳的老墙两相映照，房间的灯罩是用竹筒制成，窗帘则是做豆腐用的棉纱布做成。从内部可以清晰看出木结构和夯土墙之间的结构构造关系，可实现夯土墙面上窗墙的大面积开洞。

设计师徐甜甜设计的农耕馆及手工作坊位于此村庄的核心区，是一个开放性的公共建筑空间。它将村口几栋破损严重的夯土村舍，改造成为新的村民中心。平时用作公共服务功能，也可以成为对外展示乡土农耕文明和传统手工艺文化的窗口。博物馆从外面看起来与其他黄泥房并无二致，但走进去才发现别有洞天。柔和的灯光、别致的透明瓦片天窗、看似随意的绿植等，其整体风格既有原有的泥房味道，又有现代的巧思。农耕馆整体包括了南北两座相邻的房子，南侧是农耕馆主体，北侧是艺术家工作室，中间则夹着手工作坊。农耕馆一层的空间内陈列着老式的农耕工具，同时也展示了传统夯土墙建筑和其中的木结构，可以说项目本身就是其最大的展品。夯土结构的墙体和木结构的框架，在室内的空间感受淋漓尽致。农耕馆二层是展览空间，这里最显眼的是密集的木结构梁柱，它们本身就像是空间里的大型雕塑。对于建筑学研究者来说，这本身就是最好的展示。

中央美院数字空间与虚拟实验室主任何崴设计的"爷爷家的青年旅舍"，原建筑是一座普通夯土民居，设计任务是对这个普通民宅进行改造，将之激活，赋予其年轻的功能，将之改造成一个符合国际标准的青年旅舍。设计师修旧如旧，或者作新中式，采用了更有张力的做法：使用新的、对比性强的材料和构造体系，与旧有的土木结构进行对话。通过它，新者更新，旧者更旧。房中房的设计特意采用了半透明的阳光板材料作为界面，房中房的手法有另一个有趣的设计是它可以灵活地移动。这是一组可以"行走"的建筑。

夺土泥墙经过长时间的风吹日晒，主人迁徙后缺乏维护形成了残墙，功能已经由原先的私人住宅变成了公共活动空间，无形中形成了残缺的美感。在荷地村残墙断壁遍布，在建成环境更新中，残旧墙、闲置墙并没有被推翻，而是变废为宝，设计团队与当地居民一起，群策群力，充分利用旧砖旧瓦旧木料旧物件，修旧如旧，留住回忆，打造出独特的残墙文化，见图5-71。墙面虽然残破，但是植物在上面自由生长，给人一种欣欣向荣的感觉。

（a）荷地乱石堆改造
（来源：团队拍摄）

（b）残墙与石门点缀成景
（来源：团队拍摄）

（c）荷地三座牌楼（来源：团队拍摄）

图5-71 残墙文化改造

这样的打造离不开传统泥瓦匠的技术，砌砖刷墙、铺地盖瓦，泥瓦匠们利用多年积累磨砺的手艺，巧妙利用土青砖、旧石门、旧青瓦、旧磨盘等旧材料，复制打造了古朴精美的"三让世家""积德堂""积善堂"3座牌楼，完美展示了该镇积善崇德的优良传统。

5.5.4　竹——篾匠技艺再次创新

庆元是省林业重点林区，毛竹资源十分丰富，独特的自然条件成就了竹篾技艺。其中尤为著名的是"竹源之乡"——隆宫乡，群峰起伏，宛若蟠龙，内有隆宫溪穿流而过，山水格局极佳；同时毛竹林森林覆盖率大，竹木加工历史悠久。篾匠在隆宫乡建成环境更新建设中充分展现传统竹篾制作手艺，就地取材，将毛竹通过多道传统工序，编制成竹篱笆、菜圃围栏等，广泛用于经过平整开垦后种植蔬菜、果树的空地上。

从明代画家仇英的《独乐园图》可以见到古人就已想到以天然的竹子来围护空间。这种对自然的崇尚，也应该体现在今日的乡村建设之中。竹子都有一定的生长周期，老竹子死去，新竹子长出，这样每年都可以进行更替，把老竹子砍去，把新生的竹子重新编织进来。所以竹林剧场的形态每年会有一些变化，成为了一个会新陈代谢的建筑。毛竹有很强的韧性，地上是已经长成的地下横走茎上萌发的芽，一片毛竹林是由同一根横走茎萌发，因此毛竹的根系如同建筑的基础，具有非常强的整体性，竹子可以下弯曲一定程度，而保持完好的生长状态。

除了上述相对写意的竹子应用和生态的合理结合方式之外，大量的竹制品在小城镇更新应用中大量涌现。隆宫乡文化礼堂及广场总占地约为1300平方米，其中文化礼堂占地约为400平方米，建筑面积约为1200平方米，对破损墙面进行修复，采取白色进行粉刷，保留石材墙面的原始感，墙面上进行竹元素装饰画点缀，增加竹制门窗、栏杆与入口门斗（图5-72）。

图 5-72　隆宫乡文化礼堂改造意向图（来源：团队绘制）

街区外立面增加竹制栏杆、门窗装饰，同时编制竹篮、箩筐、背篓等生产生活竹制品，点缀于小城镇的角角落落，蕴含乡土气息的竹制小节点与乡村本色浑然一体，充分展现了乡村传统风貌（图 5-73）。

图 5-73　街区外立面更新意向图（来源：团队绘制）

　　小城镇建成环境更新并非一蹴而就的事情，而是一个循序渐进的过程。这样的渐进方式既能满足较长时间的更新与灵活发展的需要，又符合人民生活日益提高的内在需求，使小城镇建成环境更新以一个统一的、连续的整体协调方式发展。

小城镇建成环境可持续更新评价方法

小城镇建成环境作为一个复杂动态的生态大系统,与其他系统一样,当能够获取利用的能源越来越少,整个系统就会开始衰退,而萎缩也似乎是大多数系统的命运。可持续发展的目的,就是使系统向下衰退的趋势停止,同时提升可利用的资源量。在小城镇的建成环境中,能源除了水、风、光、热等自然资源之外,还包括社会凝聚力、物质存在性、生物多样性等。

在小城镇建成环境更新的评价体系研究中,运用 AHP 层次分析法和专家咨询法,辅助构建层次结构模型,将专家意见构建为判断矩阵并检验其一致性,计算得到各指标的权重,以此来说明小城镇可持续性更新的评价体系中各因素的影响度的重要性排序。

本章运用模糊综合分析法对实际案例进行评价分析,得出在运用上文提到的更新策略之后小城镇建成环境建设项目的可持续更新状况,以此验证环形模型体系的可操作性。总的来说,本书是运用层次分析法与模糊分析法相结合的评价法对小城镇建成环境更新成果进行评价分析,以期在此基础上不断优化小城镇建成环境。

6.1 小城镇建成环境可持续更新的评价结构

6.1.1 评价指标体系的设计

在设置评价指标时,应当遵循指标体系的一些原则:易量化性,定量指标容易获得数据,定性指标更适宜间接赋值量化;目标性,指标的选择应紧紧围绕主题,必须真实反映现状;科学性,指标选取和计算等过程都应科学真实规范;系统性,指标间应具有一定的内在联系,每个指标能独立反映建成环境更新建设成果的一个方面，进而构成一个有机整体。

建成环境包含了自然、物质、社会、心理的各种要素及其相互关系。所以，其评价只从单个元素出发进行分析无法抓住现象的实质，必须从多科学多角度出发全面地体现建成环境的影响因子。

对于影响因子的影响程度也即其权重，从相关的研究可以发现，从人群调查样本得到的权重与专家样本得到的权重存在一定的距离，故而不少文章在权重的确定上是以样本数据作为定权依据。本书样本的选择更适合于学者、研究人员、建筑行业的专家，而不是缺乏评价体系理论知识的普通使用者。

对于小城镇建成环境的构成，在国内学术界研究中还没有统一的标准，且不同学者出发点不同、视角不同、选取的指标覆盖的内容不同，定性与定量指标混为一谈。本书将小城镇建成环境可持续更新成果评价，以项目的空间尺度为基础划分为宏观集群类、中观个体类、微观局部类。

（1）宏观集群类如浙江省衢州市开化县小城镇综合整治项目，马金镇、池淮镇、华埠镇、齐溪镇4个乡镇集合成一个项目进行 EPC 建设。根据建成环境的维度，首先建立第一层指标，影响小城镇建成环境更新成果的因素有：地域要素、自然要素、人工要素、人文要素。地域要素是小城镇建成环境最基本的组成部分，包含了小城镇区位特征和经济发展水平。自然要素则是小城镇原始选址的依据和根脉，主要由地形地貌、河流水系、多样动植物和气候特征组成。在小城镇选址和建设过程中，人们会利用当地独特的地形特点和自然环境，灵活布局，因地制宜，创造适合的聚居环境，与自然环境相协调。人工要素是指与人为建设活动有关的因素，包括建筑风格、施工技艺特征、空间整体结构、交通体系、水利设施、景观系统。人文因素则是人们精神生活的主要体现，反映了人们精神生活状况和质量，主要包含历史文化风貌、地方风俗、历史人物事件传承及文物遗产，见表6-1。

表6-1 小城镇建成环境更新影响因素 （宏观集群类）

目标层	指标层	具体内容
小城镇建成环境更新成果	地域要素 区位特征 发展水平	所处位置、与周边的城镇的关系，区域的发展水平与特征
	自然要素 地形地貌 河流水系 动植物多样性 气候特征	区域的地理特征，河流水系走向、容量对建设活动的影响，动植物多样性，气候特征表征不同季节，塑造不同的特色景观

目标层	指标层	具体内容
小城镇建成环境更新成果	人工要素 建筑风格 施工技艺特征 空间整体结构 交通体系 水利设施 景观系统	建筑风格是小城镇整体风貌的体现，包括色彩、高度、密度与形态等；施工技艺特征与建设过程直接关联；空间结构是城镇社会经济存在和发展的空间形式；交通体系是城镇建设的记录者，包括道路桥梁；水利设施是小城镇发展的基础设施；景观系统包括人为绿化、景观小品等
	人文要素 历史文化风貌 地方风俗 历史人物事件传承 文物遗产	历史文化风貌包括历史文脉、历史街区、历史地段、历史建筑等；地方风俗是地域差别引起的文化习俗的延续；历史人物事件传承是著名的人物和事件的影响力；文化遗产是先民在历史、文化、建筑、艺术等方面的具体遗产或者遗址

（2）中观个体类如庆元县小城镇综合整治项目，集中到个体小城镇的建设，相比宏观集群类项目更有重点和特色，影响因素既有差别也有相似之处。第一层指标，影响小城镇建成环境更新成果的因素有：地域要素、景观生态要素、空间要素、社会文化要素。地域要素包含了小城镇区位特征和产业特征。景观生态要素则主要由绿化状况、空气质量、水域环境和自然风景组成。空间要素是小城镇的物质环境重要的组成部分，包括边界形态、居住建筑风貌、公共开放空间、基础设施、交通体系、水利设施、瞭望系统、标志物体系。社会文化因素则主要包含历史文化风貌、地方风俗、地方特产，见表6-2。

表6-2 小城镇建成环境更新影响因素（中观个体类）

目标层	指标层	具体内容
小城镇建成环境更新成果	地域要素 区位特征 产业特征	所处位置与产业发展水平、特征
	景观生态要素 绿化状况 空气质量 水域环境 自然风景	绿化是衡量环境和景观特色的重要指标；空气质量是平衡经济发展与自然环境保护之间的平衡指标；河流湖泊对小城镇空间形态产生影响；风景带是否直接利用也是关于生态打造的一部分

目标层	指标层		具体内容
小城镇建成 环境更新成果	空间要素	边界形态 居住建筑风貌 公共开放空间 基础设施 交通体系 水利设施 瞭望系统 标志物体系	边界形态体现了小城镇建设用地扩展的水平特征；居住建筑和公共开放空间包括色彩、高度、密度与形态等；基础设施是小城镇居民生活应享受的基本权利，包括给排水、能源、垃圾处理等；交通体系与水利设施同上文；瞭望系统主要体现为天际线，是建筑高度形成的轮廓；标志物包含历史意义、地方特色，体现城镇影响力，可包含遗迹、建成遗产
	社会文化要素	历史文化风貌 地方风俗 地方特产	历史文化风貌与地方习俗同上文；地方特产是物质与文化的基因表达

（3）微观局部类项目一般是街区改造、外立面改造等，在小城镇内部进行微整。这些微观层面的更新是建成环境物质更新最直接的部分，具有更近的社会距离，故而指标会更体现细节。第一层指标包含建筑物要素、空间格局要素、绿化景观要素、社会文化要素。建筑物要素是建成物质环境的基本单元，包括建筑形态、建筑功能、材质选用、施工手法、历史文脉、节能环保以及融合参与度这些子因素。空间布局要素主要体现为建成环境的结构要素，包括街道尺度、立面平面形态、综合环境和交通便利性。绿化景观要素是绿化、水体、小品在空间上的展现，对于它的评价包含了生态性、舒适性和美观性。社会文化要素则是非物质要素，主要包括民俗文化、邻里交往、商业氛围和地方特色，见表6-3。

表6-3 小城镇建成环境更新影响因素（微观局部类）

目标层	指标层		具体内容
小城镇建成 环境更新成果	建筑要素	建筑形态 建筑功能 材质选用 施工手法 历史文脉 节能环保 融合参与度	建筑物是整个物质环境的基本单元，形态、材质选用、施工手法易于理解；建筑功能主要表现为历史建筑即使修缮较好，也可能因为处于闲置状态而加速物质性衰退，故主要考察功能是否得到有效利用；节能环保指的是建造物是否对环境友好；融合参与度指的是建筑物是否融入周围环境

目标层	指标层		具体内容
小城镇建成环境更新成果	空间格局要素	街道尺度 立面平面形态 综合环境 交通便利性	对于微观局部类项目，街道尺度确定物质环境范围；立面平面形态是主要的展示面；综合环境是建筑、河流、景观等的综合；交通便利性是空间节点连接的基本特征
小城镇建成环境更新成果	绿化景观要素	生态性 舒适性 美观性	生态性是植被、水体的整合，是绿化景观的基本功能；舒适性是指人们对场所的感受，可以停留休憩；美观性则是观赏价值
	社会文化要素	民俗文化 邻里交往 商业氛围 地方特色	民俗文化是历史文化的延续，主要从独特性和流传度考虑；邻里交往从邻里空间和对象考虑交流沟通是否通畅；商业氛围是激活物质环境的开发方式，主要看业态、特色和规模；地方特产是物质与文化的基因表达

评价指标的设计按空间尺度划分成 3 类，宏观集群类共有 16 个指标用以评价该类项目更新成果，指标体系见图 6-1，方案层在此处指的是二层指标。中观个体类共有 17 个指标，而微观局部则有 18 个指标。

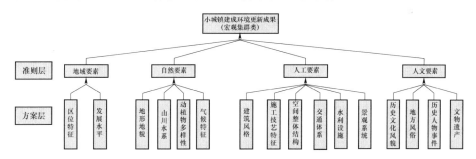

图 6-1　小城镇建成环境可持续更新评价指标的层次结构图（来源：笔者自绘）

6.1.2　影响因素的权重分析

指标体系整体间存在质和量的联系，其中，指标体系的结构模型（如层次模型）确定了质的联系，权重则反映各平行元素之间量的联系，这对于系统综合评价具有重要的意义。无论是模糊综合评价，还是层次分析、灰色系统评价，无一例外都需要用到评价指标的权重。

权重是一个模糊随机量，可以定义为元素对于整体产生影响的相对程度。确定各指标的权重值的方法有很多种，其中有利用专家或个人的知识和经验，称为主观赋权法，但这些专家的判断本身也是从长期实际中来的，不是随意设想的，故有一定的客观基础；有些方法是从指标的统计性质来考虑，它是由调查所得的数据决定，不需征求专家们的意见，称为客观赋权法。

1. 专家咨询法

专家咨询法也称为德尔菲法（Delphi Method），是一种纯主观判断的方法。根据所要预测的问题，选择有关专家，利用专家在专业方面的经验和知识，用征询意见和其他形式向专家请教而获得预测信息。如果建成环境更新的成果评价受主观因素的影响较大，则适合运用该方法。此外，一些关于人居环境评价的文献综述也提到，层次分析法和专家咨询法的主客观结合，能使研究得以更科学的准备，因此专家咨询法是目前人居环境评价中常用的工具[122]。

其基本步骤如下：

（1）选择专家。一般情况下，选本专业领域中既有实际工作经验又有理论知识的专家 10～30 人，并需征得专家本人的同意。专家的适合性对结果的准确性有直接影响。

（2）将待定权重的指标和有关资料以及确定权重的规则发给选定的各位专家，请他们独立地给出各指标的相应赋权值。

（3）回收结果并计算各指标权数的均值和标准差，观察偏离的大小，确保各专家的意见基本一致。以此时各指标权数的均值作为该指标的权重，此处可选择数值平均也可选择等级平均。

当需要确定权系数的指标非常多时，专家们往往难以对所有各项的影响度有准确的判断，但对两两各项之间的影响度做出判断是比较容易的。故而先让专家对指标作成对比较，然后再确定权值。目前，人们广泛采用 1～9 个尺度进行定量化的两两比较法[123]。许多研究证明，两两比较法是最稳定和可靠的主观量度法[123-124]，可以达到定序的测量水平。在指标不多时，应优先考虑采用此法。本书二层指标也并未达到 20 个，故适宜用两两比较法。本书对多位专家的判断矩阵计算，选用了平均权重，不做线性补偿。专家数据集结方式则是根据专家判断矩阵数据，对判断矩阵各要素求等级均值，得出均值判断矩阵，再行计算排序权重。

2. AHP-主观赋权法流程

在 1～9 个标度依据下，设定对 i 与 j 两个因素进行重要度比较，比较尺

度 a_{ij} 的含义如表 6-4 所示；对于 n 个因素 $x_1, x_2, \cdots, x_n$ ，利用两两比较法进行因素间重要程度的比较结果如表 6-5 所示。得到比较矩阵 A ：

$$A = \begin{bmatrix} a_{11} & a_{12} & \cdots & a_{1n} \\ a_1 & a_{22} & \cdots & a_{2n} \\ \vdots & \vdots & \vdots & \vdots \\ a_{n1} & a_{n2} & \cdots & a_{nn} \end{bmatrix} \qquad (6\text{-}1)$$

式中，$a_{ii} = 1$ ，$a_{ij} = 1/a_{ji}$ 。

表 6-4 比较尺度 a_{ij} 的含义

尺度 a_{ij}	含义
1	两个因素 i 与 j 对上层（总目标）的影响（重要性）相同
3	i 比 j 的影响稍大
5	i 比 j 的影响大
7	i 比 j 的影响明显大
9	i 比 j 的影响绝对的大（极大）
2，4，6，8	i 比 j 的影响在上述相邻等级之间
1，1/2，$\cdots$，1/9	i 比 j 的影响之比为 a_{ij} 的相反数

表 6-5 两两比较结果

	x_1	x_2	$\cdots$	x_n
x_1	a_{11}	a_{12}	$\cdots$	a_{1n}
x_2	a_{21}	a_{22}	$\cdots$	a_{2n}
$\vdots$	$\vdots$	$\vdots$	$\vdots$	$\vdots$
x_n	a_{n1}	a_{n2}	$\cdots$	a_{nn}

假设在矩阵 A 中做两两比较时，令 w_i 为第 i 个指标的重要程度，w_j 为第 j 个指标的重要程度，a_{ij} 则是第 i 个指标相对于第 j 个指标的重要程度比较值，即：

$$a_{ij} = \frac{w_i}{w_j} \qquad (6\text{-}2)$$

矩阵可以用一定的方法求出权向量的值，通常有和法、根法、特征根法和最小平方法等，这里主要介绍特征根法（运用百度文库已有的公式），相对来说便于用 MATLAB 进行计算。而幂法计算（源于 yaahp 计算软件的各级指标权重的计算方法）最大的优势在于可以准确地计算残缺可接受判断矩阵的一致性比例。

令各组成元素对目标的特征向量为：

$$w = (w_1, \ w_2, \ \cdots, \ w_3)^{\mathrm{T}} \qquad (6\text{-}3)$$

如果有 $\sum_{i=1}^{n} w_i = 1$ ，且矩阵 A 满足

$$a_{ij} = \frac{a_{ik}}{a_{jk}} \quad (i,\ j,\ k = 1,\ 2,\ \cdots,\ n) \tag{6-4}$$

则矩阵 A 具有一致性，元素 x_i，x_j，x_k 的成对比较是一致的；并且称 A 为一致性矩阵，简称一致阵。

当 A 为一致性矩阵时，根据 n 阶判断矩阵构成的定义，有：

$$A = \begin{bmatrix} \dfrac{w_1}{w_1} & \dfrac{w_1}{w_2} & \cdots & \dfrac{w_1}{w_n} \\[2mm] \dfrac{w_2}{w_1} & \dfrac{w_2}{w_2} & \cdots & \dfrac{w_2}{w_n} \\[2mm] \vdots & \vdots & \vdots & \vdots \\[2mm] \dfrac{w_n}{w_1} & \dfrac{w_n}{w_2} & \cdots & \dfrac{w_n}{w_n} \end{bmatrix} \tag{6-5}$$

因而满足 $Aw = nw$ ，这里 n 是矩阵 A 的最大的特征根，w 是相应的特征向量；当 A 为一般的判断矩阵时 $Aw = \lambda_{\max} w$ ，其中 $\lambda_{\max}$ 是 A 的最大特征根值，w 是相应的特征向量。经归一化（即 $\sum_{i=1}^{n} w_i = 1$ ）后，可近似作为排序权重向量，这种方法称为特征根法。

在判断矩阵的构造中，并不要求判断具有一致性，这是由客观事物的复杂性与人的认识多样性所决定的。但当判断偏离一致性过大时，排序权向量计算结果作为决策依据将出现某些问题，因此得到特征根后需要进行一致性检验，其步骤为：

（1）计算一致性指标 CI

$$CI = \frac{\lambda_{\max} - n}{n - 1} \tag{6-6}$$

当 $CI = 0$ ，即 $\lambda_{\max} = n$ 时，判断矩阵 A 是一致的。当 CI 的值越大，判断矩阵 A 的不一致程度就越严重。

（2）查找相应的平均随机一致性指标 RI

表6-6 给出了 n （1~11）阶正互反矩阵的平均随机一致性指标 RI ，其中数据采用 100~150 个随机样本矩阵 A 计算得到，源自 yaahp 公式软件数据库。

表6-6　随机一致性指标

矩阵阶数	1	2	3	4	5	6	7	8	9	10
RI	0	0	0.52	0.89	1.12	1.26	1.36	1.41	1.46	1.49

（3）计算一致性比例 *CR*

$$CR = \frac{CI}{RI} \tag{6-7}$$

当 *CR* < 0.10 时，认为判断矩阵的一致性是可以接受的；否则应对判断矩阵作适当修正。

专家法主观随意性大，且并未因采取诸如增加专家数量和仔细选取专家而得到根本改善，故在个别情况下采用单一种主观赋权可能与实际情况存在较大的差异。该方法的优点是专家可根据实际问题，较为合理地确定各分量的重要性。在我们的评价体系中所提的指标，主观赋权能更为合理地体现权重，且各指标相对也没有实际数据，当然在未来的研究中，将尽量往主客观结合赋权的方向发展。

6.1.3 调查问卷设计与结果计算

在评价指标确立后，首先进行问卷设计，根据构建的层次模型设计相应的问卷表格。这里需要注意的是，笔者在设计问卷时，除了专家的姓名与单位这样的基本信息之外，增加了关于在小城镇建设项目经验的问题，如：是否参加过小城镇建设项目，是以何种角色参与的，参与的是哪个阶段；是否还有其他影响小城镇建成环境更新成果的因素？同时，在问卷的说明中，对建成环境进行了定义阐释，以期在基本一致的背景下进行主观评价。表6-7是层次分析法涉及的问卷示意，这里不一一赘述。

表6-7 两两比较要素问卷示意表格

A	重要性比较																	B
	9	8	7	6	5	4	3	2	1	2	3	4	5	6	7	8	9	
地域要素																		自然要素
地域要素																		人工要素
地域要素																		人文要素
自然要素																		人工要素
自然要素																		人文要素
人工要素																		人文要素

注：对于"小城镇建成环境更新成果（宏观集群类）"的相对重要性的评价。

本书在这个阶段共发放10份问卷给10位专家。其中4位是学术界研究人员，4位是政府建设部门领导，2位是设计师，均为硕士及以上学历，都参与过小城镇建设项目。回收问卷10份，回收率达100%，均为回答完整的问卷，这也说明了我们并不是必须要使用幂法计算权重。

在定量分析前，需对数据进行整理、核对资料的可靠性、决定问卷（量表）答案的赋值，以及进行变量的编码工作，以便正确输入电脑建立数据库运算工作。根据专家问卷内容进行相应赋值，构建判断矩阵。下面是根据某专家的问卷内容编码的判断矩阵，应用于宏观集群类项目。

一层指标的判断矩阵为

$$A = \begin{bmatrix} 1 & 3 & 5 & 3 \\ 1/3 & 1 & 5 & 3 \\ 1/5 & 1/5 & 1 & 1/3 \\ 1/3 & 1/3 & 3 & 1 \end{bmatrix}$$

二层指标的判断矩阵为

$$B_1 = \begin{bmatrix} 1 & 1/7 \\ 7 & 1 \end{bmatrix}$$

$$B_2 = \begin{bmatrix} 1 & 1/5 & 1/3 & 1/3 \\ 5 & 1 & 3 & 1 \\ 3 & 1/3 & 1 & 1/2 \\ 3 & 1 & 2 & 1 \end{bmatrix}$$

$$B_3 = \begin{bmatrix} 1 & 5 & 3 & 1/2 & 5 & 1 \\ 1/5 & 1 & 1/5 & 1/3 & 1/2 & 1/5 \\ 1/3 & 5 & 1 & 1 & 5 & 2 \\ 2 & 3 & 1 & 1 & 3 & 1 \\ 1/5 & 2 & 1/5 & 1/3 & 1 & 1/3 \\ 1 & 5 & 1/2 & 1 & 3 & 1 \end{bmatrix}$$

$$B_4 = \begin{bmatrix} 1 & 5 & 6 & 3 \\ 1/5 & 1 & 2 & 1/3 \\ 1/6 & 1/2 & 1 & 1/5 \\ 1/3 & 3 & 5 & 1 \end{bmatrix}$$

前文我们提到选取了 10 位专家，那么这种群决策在构建判断矩阵计算时，也需要对 10 个判断矩阵进行加权计算，得到以下集结后判断矩阵：

$$A = \begin{bmatrix} 1 & 1.014 & 4.996 & 0.879 \\ 0.986 & 1 & 4.491 & 0.884 \\ 0.200 & 0.223 & 1 & 0.225 \\ 1.138 & 1.131 & 4.449 & 1 \end{bmatrix}$$

$$B_1 = \begin{bmatrix} 1 & 9/4 \\ 4/9 & 1 \end{bmatrix}$$

$$B_2 = \begin{bmatrix} 1 & 2.5 & 1.25 & 1.75 \\ 0.4 & 1 & 1 & 0.458 \\ 0.8 & 1 & 1 & 0.75 \\ 0.571 & 2.182 & 1.333 & 1 \end{bmatrix}$$

$$B_3 = \begin{bmatrix} 1 & 0.463 & 0.294 & 0.607 & 2.964 & 1.25 \\ 2.159 & 1 & 0.857 & 1.536 & 2.536 & 1.25 \\ 3.400 & 1.167 & 1 & 1.786 & 3.536 & 2.25 \\ 1.647 & 0.651 & 0.56 & 1 & 3.464 & 1.775 \\ 0.337 & 0.394 & 0.283 & 0.289 & 1 & 0.409 \\ 0.800 & 0.800 & 0.444 & 0.563 & 2.445 & 1 \end{bmatrix}$$

$$B_4 = \begin{bmatrix} 1 & 4.754 & 4.246 & 3.225 \\ 0.210 & 1 & 1.504 & 0.916 \\ 0.236 & 0.665 & 1 & 0.480 \\ 0.0310 & 1.092 & 2.083 & 1 \end{bmatrix}$$

求解特征根与特征向量，得到最大特征值 $\lambda_{\max} = 4.005$。

计算一致性指标，$CI = \dfrac{\lambda_{\max} - n}{n-1}$，其中 $n = 4$，$CI = 0.00167$。

查表得到相应的随机一致性指标 $RI = 0.89$

从而得到一致性比率

$$CR = \frac{CI}{RI} = 0.002$$

因 $CR < 0.1$，通过了一致性检验，即认为 A 的一致性程度在容许的范围之内，可以用归一化后的特征向量 a 作为排序权重向量。

$$a = [\,0.3075 \quad 0.2974 \quad 0.0668 \quad 0.3283\,]$$

同样计算方法，可得二层指标赋权结果：

$$b_1 = [\,0.6923 \quad 0.3077\,]$$
$$b_2 = [\,0.3646 \quad 0.1557 \quad 0.2107 \quad 0.2690\,]$$
$$b_3 = [\,0.1233 \quad 0.2154 \quad 0.2908 \quad 0.1829 \quad 0.0609 \quad 0.1266\,]$$
$$b_4 = [\,0.5675 \quad 0.1459 \quad 0.1046 \quad 0.1820\,]$$

上述是宏观集群类调查问卷进行整理赋权计算后得到的权重值。以同样的方法，对中观个体类项目和微观局部类项目进行专家问卷调研和特征根计算后得到权重值。

6.2 小城镇建成环境更新的评价指标

AHP 最终的目标是计算最低层所有因素对总目标的权重值, 计算原则是由上而下逐级分解。小城镇建成环境更新成果的一层与二层指标的权重分布在表6-8 ~ 表6-10。

表6-8 各因素所占权重（宏观集群类）

指标（一层）	权重（%）	指标（二层）	权重（%）
地域要素	30.75	区位特征	69.23
		发展水平	30.77
自然要素	29.74	地形地貌	36.46
		动植物多样性	15.57
		河流水系	21.07
		气候特征	26.90
人工要素	6.68	建筑风格	12.33
		施工技艺特征	21.54
		空间整体结构	29.08
		交通体系	18.29
		水利设施	6.09
		景观系统	12.66
人文要素	32.83	历史文化风貌	56.75
		地方风俗	14.59
		历史人物事件	10.46
		文物遗产	18.20

表6-9 各因素所占权重（中观个体类）

指标（一层）	权重（%）	指标（二层）	权重（%）
地域要素	19.07	区位特征	27.27
		产业特征	72.73
绿化景观要素	25.65	绿化状况	9.83
		水域环境	10.21
		空气质量	52.59
		自然风景	27.37

指标（一层）	权重（%）	指标（二层）	权重（%）
空间格局要素	8.37	边界形态	5.66
		居住建筑风貌	12.02
		公共开放空间	19.39
		基础设施	22.09
		交通体系	24.34
		水利设施	9.16
		瞭望系统	2.77
		标志物体系	4.57
社会文化要素	46.91	历史文化风貌	61.29
		地方风俗	28.53
		地方特产	10.18

表 6-10　各因素所占权重（微观局部类）

指标（一层）	权重（%）	指标（二层）	权重（%）
建筑要素	12.99	建筑形态	4.67
		建筑功能	7.49
		材质选用	12.18
		施工手法	7.64
		历史文脉	23.44
		节能环保	33.37
		融合参与度	11.20
绿化景观要素	36.51	生态性	51.29
		美观性	9.44
		舒适性	39.26
空间格局要素	25.04	街道尺度	26.67
		立面平面形态	8.71
		综合环境	33.34
		交通便利性	31.28
社会文化要素	25.46	民俗文化	26.10
		邻里交往	56.27
		地方特产	8.55
		商业氛围	9.07

根据总排序原理：

$$w = \sum_{i=1}^{m} b_n^i a_i \qquad (6-8)$$

得到 AHP 法确定的宏观集群类小城镇建成环境更新的评价指标体系
见图 6-2。

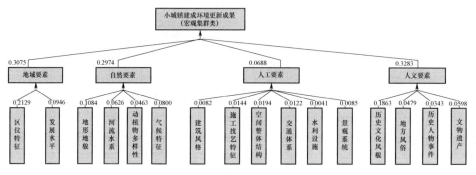

(a) 小城镇建成环境更新的评价指标体系（宏观集群类）（来源：笔者自绘）

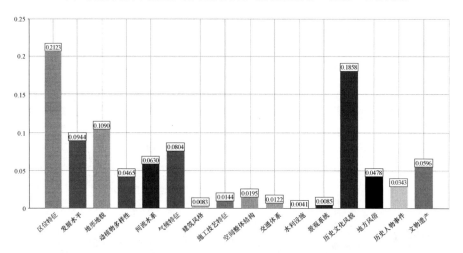

(b) 小城镇建成环境更新的评价指标体系（宏观集群类）结果柱状图（来源：笔者自绘）

图 6-2　宏观集群类小城镇建成环境更新的评价指标体系

由总体指标体系图表（图 6-2）可以看出，对于宏观集群类的小城镇建
成环境更新影响最大的是区位特征，占到 21.23%；其次是历史文化风貌因
素，其影响度占比接近 20%，高达 18.58%。宏观集群类项目的区域指标
通常都是互动且相互联系的，在大多数时候，地域特征决定了小城镇的交
通和产业等很多根本性和现实性的内容，也一定程度上定义了小城镇在文
化特征上存在共性的特性。比如小城镇的初始产业特征和业态的相似性：

例如浙北地区的安吉县天荒坪镇和浙西南的庆元县屏都街道的余村镇，两镇都以山地为主且毛竹为主，直接决定了毛竹产业和农家乐业态的一致性。正如开化县"一城多镇"的行动，马金镇、池淮镇、杨林镇、苏庄镇和齐溪镇总体的区位都有多山多水好生态、交通便利的特征。这样的地域共性特征为多个小城镇宏观整体规划打下基础，做规划设计之初就要关注几个点的布局，找寻其中的个性特征。故在指标体系中地形地貌的指标影响度达到 10.9%。小城镇的个性特征隐藏于历史文脉之中，在集群类项目中有了宏观规划引领之后，我们的关注点将落于历史文化的保存与再现上。从各个项目上可以看到，历史文脉的重现与创新手段百花齐放，都围绕着环境友好、刺激经济的目标开展。而人工要素在宏观集群项目中的影响度却是最小的，说明需要利用区域特征和宏观顶层设计来规划各个集群下小城镇发展策略，将其作为最重要的第一要素，才可以分步骤细化各个层级的规划设计等更新策略。一开始的宏观集群尺度分析必须首先把握好整体发展策略和方向。

在针对中观单个整体类小城镇建成环境更新的评价值体系（图6-3）中，可以清晰地看到，在单个的小城镇建成环境更新的影响因素里区位特征不再是占比最高的因素，取而代之的是历史文化风貌因素，其比例占到了28.76%。对于单个的小城镇，其最迫切需要的是历史文化特质的复兴和城镇风貌特色的彰显。单一小城镇，其建成环境的更新从时间的维度来看，可以理解为社会生态系统的物质更新与文化更新两方面。在高速发展的城市化进程中，不可避免的会将物质更新与文化更新在一定程度上割裂。这一点在大城市的城市化的更新过程中已经尝到了苦果，所以小城镇建成环境更新最重要的是将历史文化风貌作为主要轴线，串联物质与文化的更新，顺应城镇风貌和文化在历史时间维度的延续。

排第二位的是产业特征、空气质量和地方风俗，是占比较高的 3 个影响因素。对于单个整体小城镇而言，小城镇建成环境的更新，产业特征是后续发展的动力。产业特征是提升小城镇经济发展实力的重要着力点。尽管当下的小城镇综合整治行动主要是围绕物质环境改善展开的，没有明确产业的第一地位，但任何小城镇的发展核心要义都必将紧随着经济发展的需求。为了美化而美化的环境，对于实际城镇的发展没有实际作用，必须平衡生活休闲空间和产业集群空间的关系。比如，丽水市庆元县的竹口镇是一个竹加工产业和铅笔产业中心镇，通过合理分区规划，将产业适度集中，民众休闲空间沿着溪水结合历史文化设施，做了很多公众休闲旅游空间，引人入胜。在中国庆元国际铅笔峰会上，笔者曾陪同中国制笔协会会长等一行领导，一边参

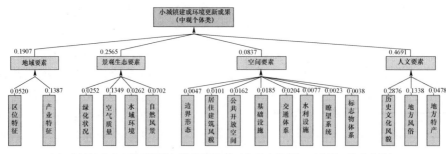

(a) 小城镇建成环境更新的评价指标体系 (中观个体类) (来源: 笔者自绘)

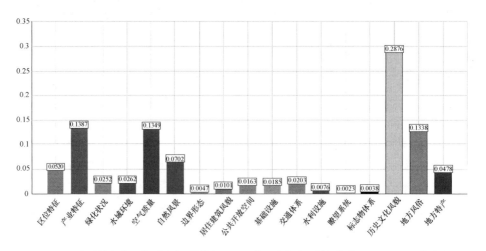

(b) 小城镇建成环境更新的评价指标体系 (中观个体类) 结果柱状图 (来源: 笔者自绘)

图6-3 中观单个整体类小城镇建成环境更新的评价指标体系

观铅笔产业园,一边又可以载歌载舞和民众近距离互动,这对产业和文脉传承可以起到和谐互动的作用。

排名第三的空气质量是生态环境类的指标,它直接影响着居民的生存健康和生活质量,同时产业结构的调整也与之息息相关。生态环境是可持续性的最基本反馈。空气质量的恶化给人们带来切肤之痛的深刻教训,从某种意义上说民众对生态的失衡都已表现出警醒。

民俗的重要性不言而喻,在浙西南地区众多的畲族乡镇,都有自己的历史语言和服装,加上其独特的建筑形式,相得益彰、很有韵味。不仅仅是建筑和环境,使用者的软实力更应该引起重视,每一种文字和服装可能都是诸如非物质文化遗产之类的宝贵财富。见图6-4和图6-5。

在微观局部类诸如历史街区改造、建筑外立面修整、公园广场绿化修缮等节点更新建设项目 (图6-6) 中,其影响度最高的因素为生态性,影响度占比为 18.73%。它所在的绿化景观要素在一层要素中也是占比最高的，为 36.51%。由此可见，小城镇建成环境可持续更新在微观尺度下，绿化景观要素显得十分重要，很多时候绿化没有实现人们的可达性。绿化景观要素的生态性、舒适性和美观性不是简单意义上的种树长草。比如，在小城镇的水渠或者河道，都是由水利厅下属水利局实施建设，作为水利工程往往过分强调了堤岸的安全性，大部分采用了钢筋水泥混凝土做法，然后防洪堤上一条路，两边路灯，称为了标配，美其名曰为绿道。其实，在安全的基础上还应该软化河道，露出原有的生态界面，有水草、白鹭和水牛。

图 6-4　文成县畲族镇民族特色
元素入口（来源：笔者自摄）

图 6-5　文成县畲族民族
风俗服饰（来源：笔者自摄）

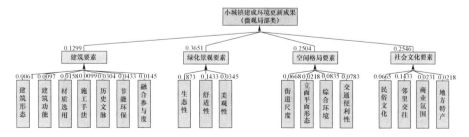

（a）小城镇建成环境更新的评价指标体系（微观局部类）（来源：笔者自绘）

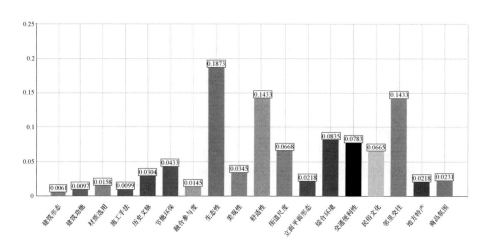

（b）小城镇建成环境更新的评价指标体系（微观局部类）结果柱状图（来源：笔者自绘）

图6-6　微观局部类小城镇建成环境更新的评价指标体系

在庆元贤良镇在整治过程中，修建了水利项目，不仅河道视觉感受缩短很多，同时依赖水系的泼水节的亲水性受到了很大的削弱，施工过程中就受到了乡里乡亲的批评。贤良镇一直生态很好，有很多野生大鲵，俗称娃娃鱼，当地有个说法，野生的大鲵每到春天交配季节之后，习惯性需要在堤岸边石头缝隙里产卵，不然洪水季节会被冲走，然而修建水利项目后，新修建的堤坝用水泥勾勒了石头缝，根本没有余地给大鲵产卵。这些其实是生态系统自我调节的机制之一，如何平衡水利工程的安全性和生态性，也是重要的平衡点，特别是在强调生态文明的今天，应适度考虑生态物种的栖息（图6-7）。

图6-7　庆元县贤良镇贤良溪护坡水利工程实施过程图（来源：笔者拍摄）

　　小城镇的公园景观也有很多问题，比如选用不切实际的欧式景观布置，且采用外地昂贵树种，最终绿地由于无人打理变成了菜地的情况比比皆是。水体丧失了亲水性，人们无法像以往那样去垂钓、泛舟和嬉水，最终不可避免地在污水净化系统不完善而直排之下，水质呈富营养化，导致鱼虾死绝。

　　空间格局与社会人文要素的影响度也紧随其后。综合环境的优劣，交通是否便利，邻里交往是否和睦等，这些因素都与人们生活息息相关，也就与建成环境有了直接的必然的联系。

6.3　案例分析

　　在上面建立的小城镇可持续性更新评价体系的基础上，对选取的案例项目进行实操评价，用模糊评价法（fuzzy comprehensive evaluation method）进行项目实际评价。

　　模糊数学用于分析解释外延清楚而内涵模糊不清的系统。将小城镇建成环境更新的制约因素进行具体分类，我们可得建成环境更新结构框图。这正是小城镇建成环境可持续更新评价指标层次模型结构图。从结构框图中可以看到建成环境更新的具体制约因素大多属于外延清楚、内涵模糊的术语（也有明确的比例，但比例的具体数值代表的优劣程度也可看作内涵模糊，仍然适用），可引入模糊数学的理论方法对小城镇建成环境更新进行分析计算。

6.3.1　模糊综合评价法的运用

　　采用模糊综合评判中的多级综合评判，对小城镇建成环境更新成果值进行评价，以期得到小城镇建成环境更新成果值的评价等级，并判定其优劣程度。这是基于前文对小城镇建成环境可持续更新的评价体系建立，以及已得的评价体系的权重而进行的实例计算。从结构框图上可见小城镇建成环境更新建设都由4个一级指标决定，而每个一级指标又由下一级指标决定。由此类推，小城镇建成环境更新评价一共有2层指标级，也就是说小城镇建成环境更新评为一个2级模糊综合评判，这里的指标也就是影响因素。

6.3.2　FCEM基本步骤

　　第一步，确定评价指标和评价等级。

　　本章主要评价小城镇建成环境更新的成果，其指标均由上一章AHP法确定，且各指标的权重向量 A 也以上一章的计算结果为准，即宏观集群类的总评价指标集为 $V = (v_1, v_2, \cdots, v_{16})$。在模糊评价计算时，先从最底层指标开始计算，逐级向上，故一层指标集记为：$V_{B_1} = \{V_{B_{11}}, V_{B_{12}}\}$，$V_{B_2} = \{V_{B_{21}}, V_{B_{22}}, V_{B_{23}}, V_{B_{24}}\}$，$V_{B_3} = \{V_{B_{31}}, V_{B_{32}}, V_{B_{33}}, V_{B_{34}}, V_{B_{35}}, V_{B_{36}}\}$，$V_{B_4} = \{V_{B_{41}}, V_{B_{42}}, V_{B_{43}}, V_{B_{44}}\}$；二层指标集记为：$V_A = \{V_{B_1}, V_{B_2}, V_{B_3}, V_{B_4}\}$。

评级等级集为 $U = \{u_1, u_2, \cdots u_m\}$，这里分为四级——优秀、良好、一般、差，即为 $U = \{u_1, u_2, u_3, u_4\} = \{1, 0.7, 0.4, 0.1\}$。

第二步，确定指标的隶属度。

这里的评级体系总共涉及 2 层指标。最下层的指标没有下级因素级，故这一类指标称为独立指标。独立指标有时候很难用具体数值作为分级标准的依据，尤其本书是采取主观赋权的方法，这里采用的评价是运用隶属函数来确定其隶属度[122]。具体方法是向涉及的居民、专家、建设人员等相关人士询问，通过数学统计分析得到隶属度。假如有 n 位参与者对某一独立指标进行评价，其中 m_1 位评为 u_1 级，m_2 位评为 u_2 级……m_m 位评为 u_m 级，用 m_1，m_2，$\cdots$，m_m 除以总人数 n，得到该因素的各级评价等级隶属度，即第 i 个因素相应的第 j 评价等级的隶属度为：

$$r_{ij} = \frac{m(\text{第 } i \text{ 个指标评为 } j \text{ 等级的人数})}{n} \tag{6-9}$$

由此得到一个独立指标评级 U 的模糊隶属函数，由此产生的隶属度能在该层的模糊评价中以数值的方式参与模糊运算，从而确定各级的标准数值。独立指标上层的指标均为非独立指标，非独立指标的评价隶属度可由独立指标通过计算而得。

第三步，构造模糊关系矩阵。

根据指标集 V 与评价集 U 之间存在的模糊关系，通过独立指标集 V 中各指标到评价集 U 的模糊隶属函数所获得的隶属值 r_{ij} 的全部向量并列起来，得到一个模糊关系矩阵：

$$R = (r_{ij})_{n \times m} (i = 1, 2, \cdots, n; j = 1, 2, \cdots, m) \tag{6-10}$$

R 即为独立指标集 V 的 Fuzzy 综合评价变换矩阵。

第四步，模糊合成与判定。

引入 V 上的模糊子集 B，称为模糊评价，由 (V, U, R) 三元体构成。输入一个权系数分配向量 W，根据公式 $B_i = W_i \times R_i$，得到一个评价。独立指标评价结果为 $B_1 = W_{B_1} \times R_{B_1}$，$B_2$，$B_3$，$B_4$。上层非独立指标的变换矩阵由独立指标评判结果全体向量并列而成，其评判结果也可类推：

$$B^{II} = W^{II} \times R^{II} = (w_1^{II}, w_2^{II}, \cdots, w_k^{II}) \times (b_{ij}^{I}) \tag{6-11}$$

式中，k 为非单独指标以下的独立指标个数。

最后得到的 B^N 是最终的 N 级 Fuzzy 综合评价结果，也就是小城镇环境更新成果值等级的隶属度，根据最大隶属度原则判定最终结果。

6.3.3 分层选取及概述评价对象

将小城镇建成环境更新项目按空间尺度分为宏观集群类、中观个体类和微观局部类。宏观集群类有开化县马金镇、池淮镇等 4 个小城镇的联动集群项目、德清县地域性建筑分级研究项目与庆元县 19 个乡镇集群打造项目。中观个体类有柳州市雷村屯风貌改造项目、桐乡石门小城镇建设项目、庆元县域内各小城镇建设项目等。微观局部类有历史街区的改造、景观小品修整、外立面改造等。

6.3.4 调查问卷法的统计与分析

在模糊评价的问卷调研中，共发出 30 份问卷，15 份问卷发给当地居民，5 份问卷发给旅游者、考察者等非常驻居民，5 份问卷发给政府相关部门，5 份问卷发给设计与施工单位人员。问卷如表 6-11。

表 6-11 小城镇建成环境更新成果评价样表（微观层次）

序号	评测指标	评测指标说明	评价
1	建筑形态	街区改造项目中，建筑形态的改善情况	
2	建筑功能	建筑功能利用状况，是否充分、是否对经济、对生态有促进作用。建筑物是否让居民适应	
3	材质选用	更新中，对用材的把握是否合理	
4	施工手法	更新建设中的施工手法运用的程度	
5	历史文脉	更新改造中对历史文脉的把握和体现程度	
6	节能环保	建造物是否对环境友好，是否节能	
7	融合参与度	建造物是否融入周围的环境	
8	生态性	建造物、建设过程对周围环境、生态的影响，是否破坏环境；绿化的好坏	
9	美观性	建造物是否美观	
10	舒适性	更新建设后，是否让人更舒适、更方便	
11	街道尺度	更新建设后，街道大小是否适合	
12	立面、平面形态	立面、平面是否美观，材质是否合适	

序号	评测指标	评测指标说明	评价
13	综合环境	整体环境是否有改善	
14	交通便利性	更新建设后，交通便利性如何	
15	民俗文化	历史文化是否得到保护与传承，是否有更多人关注	
16	邻里交往	周围人与人的交往是否更便利，是否更融洽	
17	地方特产	地方特产是否被广泛宣传，是否有更多人关注	
18	商业氛围	更细建设后，商业范围是否变得更广，买卖是否增多	

注：评价等级按优秀、良好、一般、差来填写。

6.3.5 评价指标隶属度

以庆元县举水廊桥景观带塑造项目为例，以获得的问卷内容为数据支持，具体说明小城镇建成环境更新成果值模糊评价的计算过程。

1. 各独立指标隶属度计算

根据问卷结果，对应的小城镇建成环境更新成果评价独立指标隶属度的确定，见表6-12。

表6-12　微观类项目模糊评价隶属度确定表

指标层		优秀隶属度	良好隶属度	一般隶属度	差隶属度
建筑要素	建筑形态	0.8	0.2	0	0
	建筑功能	0.75	0.25	0	0
	材质选用	0.7	0.3	0	0
	施工手法	0.55	0.4	0.05	0
	历史文脉	0.85	0.15	0	0
	节能环保	0.4	0.45	0.15	0
	融合参与度	0.85	0.15	0	0
绿化景观要素	生态性	0.75	0.25	0	0
	美观性	0.7	0.3	0	0
	舒适性	0.75	0.25	0	0

指标层		优秀隶属度	良好隶属度	一般隶属度	差隶属度
空间格局要素	街道尺度	0.65	0.35	0	0
	立面平面形态	0.75	0.25	0	0
	综合环境	0.9	0.1	0	0
	交通便利性	0.55	0.4	0.05	0
社会文化要素	民俗文化	0.65	0.35	0	0
	邻里交往	0.85	0.15	0	0
	地方特产	0.65	0.35	0	0
	商业氛围	0.6	0.4	0	0

2. 上层非独立指标隶属度确定

根据独立指标隶属度，可得模糊变换矩阵 R 为

$$R_1 = \begin{bmatrix} 0.8 & 0.2 & 0 & 0 \\ 0.75 & 0.25 & 0 & 0 \\ 0.7 & 0.3 & 0 & 0 \\ 0.55 & 0.4 & 0.05 & 0 \\ 0.85 & 0.15 & 0 & 0 \\ 0.4 & 0.45 & 0.15 & 0 \\ 0.85 & 0.15 & 0 & 0 \end{bmatrix}$$

$$R_2 = \begin{bmatrix} 0.75 & 0.25 & 0 & 0 \\ 0.7 & 0.3 & 0 & 0 \\ 0.75 & 0.25 & 0 & 0 \end{bmatrix}$$

$$R_3 = \begin{bmatrix} 0.65 & 0.35 & 0 & 0 \\ 0.75 & 0.25 & 0 & 0 \\ 0.9 & 0.1 & 0 & 0 \\ 0.55 & 0.4 & 0.05 & 0 \end{bmatrix}$$

$$R_4 = \begin{bmatrix} 0.65 & 0.35 & 0 & 0 \\ 0.85 & 0.15 & 0 & 0 \\ 0.65 & 0.35 & 0 & 0 \\ 0.6 & 0.4 & 0 & 0 \end{bmatrix}$$

根据所示的指标权重分布，得出权重向量 $W_1 = \begin{bmatrix} 0.0467 & 0.0749 & 0.1218 & 0.0764 & 0.2344 & 0.3337 & 0.1120 \end{bmatrix}$，$W_2 = \begin{bmatrix} 0.5129 & 0.0944 & 0.3926 \end{bmatrix}$，$W_3 = \begin{bmatrix} 0.2667 & 0.0871 & 0.3334 & 0.3128 \end{bmatrix}$，$W_4 = \begin{bmatrix} 0.2610 & 0.2627 & 0.0855 & 0.0907 \end{bmatrix}$。则建筑要素、绿化景观要素、空间格局要素、社会人文要素的隶属度分别为：

$$B_1 = W_1 \times R_1 = (0.6487 \quad 0.2973 \quad 0.0540 \quad 0),$$
$$B_2 = W_2 \times R_2 = (0.7452 \quad 0.2548 \quad 0 \quad 0),$$
$$B_3 = W_3 \times R_3 = (0.7108 \quad 0.2736 \quad 0.0156 \quad 0),$$
$$B_4 = W_4 \times R_4 = (0.758 \quad 0.242 \quad 0 \quad 0)$$

6.3.6 小城镇建成环境更新成果值的隶属度的确定

根据上面非独立指标隶属度的确定，构建模糊变换矩阵 R：

$$R = \begin{bmatrix} 0.6487 & 0.2973 & 0.0540 & 0 \\ 0.7452 & 0.2548 & 0 & 0 \\ 0.7108 & 0.2736 & 0.0156 & 0 \\ 0.758 & 0.242 & 0 & 0 \end{bmatrix}$$

权重向量 $W = [0.1299 \quad 0.3651 \quad 0.2504 \quad 0.2546]$，最终得到小城镇建成环境更新成果值（微观类）隶属度 B，$B = W \times R = (0.7273 \quad 0.2618 \quad 0.0109 \quad 0)$。

6.4 小城镇建成环境更新案例项目的评价

根据最大隶属度原则可以清晰地看到，所选的微观类案例的隶属度最大值 0.7273 对应的评价等级是优秀，该街区改造目作为微观类项目的更新成果值可以定位优秀等级。

设"优秀"=4，"良好"=3，"一般"=2，"差"=1 为评价分值尺度，则该街区改造更新评分 = $0.7273 \times 4 + 0.2618 \times 3 + 0.0109 \times 2 + 0 \times 1 = 3.7164$。

按同样的方法计算，建筑要素得分为 3.5947、绿化景观要素得分为 3.7452、空间格局要素得分为 3.6952、社会人文要素得分为 3.758，所有要素均属于优秀的等级。其中，建筑要素得分最低，社会人文要素得分最高。

1. 建筑要素评估结果

作为小城镇建成环境更新最基本的组成部分，项目建筑要素的改造处于优秀的水平，为我们在后续做同类项目的设计提供了基本经验。其中，施工手法与节能环保有较低的评价，可见在更新过程中，现代技术与传统工匠技艺的融合仍然是建筑领域需要考虑的方向。现代技艺固然重要，但传统工法的传承有其存在的必然性。更新设计过程中，建筑与施工的节能环保可能出现了并不能完美融合的状况，例如如何将太阳能光伏与传统小青瓦面相结合，既体现传统风格，又达到节能环保的效果，这也是我们作为设计师需要深究的方向。当然，经济性也是不可忽视的因素。节能环保的因素评价等级为良好，这说明未来在建筑设计的同时应该更多地考虑其环保性能，利用外围护结构与建材的物理性能尽可能向被动式建筑靠拢，在环保的同时满足形态美观的要求。

2. 绿化景观要素评估结果

生态性、美观性与舒适性在街区改造中都得到极大的改善。植被恰到好处地融入了街区空间中，历史元素在街区中得到保留并用现代的手法加以修饰。街区整体改造让居民与游客都能感受到悠闲舒适，停停走走，可以进入当地出售特产的商店，看看当地风俗特色，也可以到展览馆听听当地的历史故事。

3. 空间格局要素评估结果

交通便利性仍有提升的空间，改造后有参与者认为便利性一般，与其他要素相比并不出色。对于空间格局而言，节点之间的连接便是交通的实质，交通的便利与否极大地影响了人们的生活。其他指标均为优秀。

4. 社会人文要素评估结果

所有指标的隶属度均为优秀，尤其是邻里交往得分最高。当地居民普遍认为改造后的街区使邻里之间更为融洽，沟通更为便利。

5. 总结

其他尺度所选的案例评价过程不一一赘述，仅在此将评价结果进行表述。中观个体类选择的案例月山村改造，经过问卷及评价计算过程，其四要素的隶属度为（0.6778　0.3219　0.0003　0），评价等级为优秀，而宏观集群类则得出了庆元县 19 个乡镇整体改造的综合得分 3.2232，评价等级为优秀。

本章的研究对更新环形模型而言不可或缺，也为后续研究打下初步基础，以期将政府项目的成果进行总结，将项目信息与反馈评价信息纳入数据库，建立小城镇建设后期跟踪评价机制，并进行完善与推广。

参考文献

[1] 凯文·林奇. 城市意象 [M]. 方益萍, 何晓军, 译. 北京: 华夏出版社, 2001.

[2] 韩慧晶. 新大众哲学: 不以人的意志为转移的社会发展规律 [N]. 中国社会科学报, 2016-06-01 (978).

[3] 郑震. 空间: 一个社会学的概念 [J]. 社会学研究, 2010, (05): 167-191.

[4] 齐康. 杨廷宝的建筑学术思想 [J]. 建筑学报, 2002 (3): 32-35.

[5] 何兴华. 人居科学: 一个由实践而建构的科学概念框架 [Z/OL]. 搜狐, http://www.sohu.com/a/168594646_726503.

[6] 倪慧. 当代西欧城市更新的特点与趋势分析 [J]. 现代城市研究, 2007 (6): 19-26.

[7] LAWRENCE D L, LOW S M. The built environment and spatial form. Annual Review of Anthropology, 1990 (19): 453-505.

[8] 百度百科. 建成环境 [EB/OL]. [2016.3.18]. https://baike.baidu.com/item/%E5%BB%BA%E6%88%90%E7%8E%AF%E5%A2%83/4893229.

[9] WIKIPEDIA. Built Environment. https://en.wikipedia.org/wiki/Built_environment.

[10] RAPOPORT A (阿摩斯·拉普卜特). 建成环境的意义——非言语表达方式 [M]. 黄兰谷, 译. 北京: 中国建筑工业出版社, 2003.

[11] 阿摩斯·拉普卜特. 文化特性与建筑设计 [M]. 北京: 中国建筑工业出版社, 2004.

[12] REES W E. Globalisation and sustainability. conflict or convergence? Bulletin of Science [J]. Technology and Society, 2002, 22 (4): 249-268.

[13] 普列汉诺夫论. 一元论历史观之发展 [M]. 北京: 三联书店, 1961.

[14] 张松. 历史城市保护学导论——文化遗产和历史保护的一种整体性方法 [M]. 上海: 上海科技出版社, 2001.

[15] HILLIER B. Space and spatiality: what the built environmentneeds from social theory [J]. Building Research & Information, 2008, 36 (3), 216-230.

[16] VISCHER J C. Towards a user-centred theory of the builtenvironment [J]. Building Research & Information, 2008, 36 (3): 231-240.

[17] RABENECK A. A sketch-plan for construction of built environment theory [J]. Building Research & Information, 2008, 36 (3): 269-279.

[18] CAIRNS G. Advocating an ambivalent approach to theorizing the built environment [J]. Building Research & Information, 2008, 36 (3): 280-289.

[19] ATKINSON G. Sustainability, the capital approach and thebuilt environment [J]. Building

Research & Information，2008，36（3）：241-247.

［20］PEARCE D. The Social and Economic Value of UK Construction［M］. nCRISP, London, 2003.

［21］PEARCE D. Is the construction sector sustainable? Definitions and reflections［J］. Building Research & Information，2006，34（3）：201-207.

［22］MOFFATT S, N KOHLER. Conceptualizing the built environment as a social-ecological system［J］. Building Research & Information，2008，36（3）：248-268.

［23］COLBERT, J B. La grande réformation des forêts, Grande Ordonance, Paris, 1669.

［24］VON CARLOWITZ, C SYLVICULTURA OECONOMICA, LEIPZIG, 1713. http：// en. wikipedia. org/wiki/Hans_ Carl_ von_ Carlowitz.

［25］GEDDES P. Cities in Evolution［M］. Ernest Benn, New York, NY, 1915.

［26］DUVIGNEAUD P, DENAEYER-DE SMET S. Productivité biologique en Belgique［M］. Paris, Editions Duculot, 1977.

［27］WOLMAN A. The metabolism of cities［J］. Scientific American, 1965, 213（3）：179-190.

［28］FISCHER-KOWALSKI M, H WEISZ. Society as a hybrid between material and symbolic realms：Toward a theoretical framework of society-nature interaction［J］. Advances in Human Ecology, 1999, 8：215-251.

［29］朱羿. 人居环境科学：追求居住的人文意境［N］. 中国社会科学报，2014-10-8（653）.

［30］常怀生. 建筑环境心理学［M］. 北京：中国建筑工业出版社，1990.

［31］吴硕贤. 建筑学的重要研究方向——使用后评价［J］. 南方建筑，2009，1：4-7.

［32］朱小雷. 建成环境主观评价方法研究［M］. 南京：东南大学出版社，2005.

［33］俞孔坚. 自然风景景观评价方法［J］. 中国园林，1986（3）：38-40.

［34］袁烽. 都市景观的评价方法研究［J］. 城市规划汇刊，1999（6）：46-49.

［35］MITCHELL G, A MAY, A MCDONALD. PICAGUE：A methodological framework for development of indicators of sustainable development［J］. International Journal of sustainable Development & World Ecology, 1995（2）：104-123.

［36］顾姗姗. 乡村人居环境空间规划研究［D］. 苏州科技学院，2007.

［37］BRANDON P S. Evaluating sustainable development in the built environment（2nd edition）［M］. John Wiley & Sons Ltd, 2010.

［38］荷兰哲学家杜伊威尔：十五方面［Z/OL］. 凯迪社区，http：//club. kdnet. net/dispbbs. asp? id = 8253244&boardid = 1.

［39］卓成霞. 国外城镇化进程中的市镇设置经验及其有益启示［J］. 华东理工大学学报（社会科学版），2014（4）：97-116.

［40］袁中金. 中国小城镇发展战略研究［D］. 武汉：华中科技大学，2006.

［41］费孝通. 小城镇四记［M］. 北京：新华出版社，1985.

［42］晏群. 小城镇概念辨析［J］. 规划师，2010，8（26）：118-121.

［43］顾朝林. 人文地理学导论［M］. 北京：科学出版社，2012.

[44] 周一星. 城市地理学［M］. 北京：商务印书馆，1995.

[45] 唐耀华. 论城镇向城市演进时的拐点——城镇与城市经济学意义的本质区别［J］. 广西民族学院学报（哲学社会科学版），2006（3）.

[46] 国务院关于城乡划分标准的规定，国秘字第 203 号．1955.11.7. http：// blog. sina. com. cn/s/blog_643e1d2901017b3u. html.

[47] 中共中央、国务院关于调整市镇建制、缩小城市郊区的指示．1963.12.7. http：// blog. sina. com. cn/s/blog_ce5177f40101efxf. html.

[48] 国务院批转民政部关于调整建镇标准的报告的通知．1984.11.22. http：// blog. sina. com. cn/s/blog_ce5177f40101egxk. html.

[49] 周一星，史育龙. 建立中国城市的实体地域的概念［J］. 地理学报，1995（7）.

[50] 吴闫. 我国小城镇概念的争鸣与界定［J］. 小城镇建设，2014（6）.

[51] 特色小镇"大学问"地方考察团扎堆浙江. 新浪网. http：//finance. sina. com. cn/roll/ 2017-02-20/doc-ifyarrcc8043621. shtml.

[52] 邵燕. 国内小城镇发展模式述评［J］. 江西青年职业学院学报，2014，（2）：68-71.

[53] 费孝通. 学术自述与反思. 费孝通学术文集［M］. 北京：新知三联书店，1995.

[54] 费孝通，罗涵先. 乡镇经济比较模式［M］. 重庆：重庆出版社，1998.

[55] 田明，张小林. 我国乡村小城镇分类初探［J］. 经济地理，1999，19（3）：92-96.

[56] 仇保兴. 中国城市化进程中的城市规划变革［M］. 上海：同济大学出版社，2005.

[57] 牛力，关柯，罗兆烈. 我国小城镇发展模式初探［J］. 建筑管理现代化，2001（04）.

[58] 赵元强. 我国小城镇发展模式特点及影响因素分析［J］. 科技创新导报，2013（02）.

[59] 汪珠. 浙江省小城镇的分类与发展模式研究［J］. 浙江大学学报，2008，35（6）：714-720.

[60] 邹德慈. 对中国城镇化问题的几点认识［J］. 城市规划汇刊，2004，（03）：3-5，95.

[61] 耿虹. 分化发展对基层小城镇的影响以及需要关注的两个问题［J］. 小镇之路在何方？——新型城镇化背景下的小城镇发展学术笔谈会. 城市规划学刊，2017（2）：3.

[62] 罗宏翔. 中国小城镇发展的动力和阶段［J］. 青海社会科学，2002（2）：36-39.

[63] 陈前虎. 浙江省小城镇发展历程、态势及转型策略研究［J］. 规划师，2012，12（28）：86-90.

[64] 胡际权. 中国新型城镇化发展研究［D］. 重庆：西南农业大学，2005.

[65] 李从军. 中国新城镇化战略［M］. 北京：新华出版社，2013.

[66] 国家统计局. 2017 年国民经济和社会发展统计公报.

[67] 阳建强，吴明伟. 现代城市更新［M］. 南京：东南大学出版社，1999.

[68] 陈萍萍. 上海城市功能提升与城市更新［D］. 上海：华东师范大学，2006.

[69] SymbioCity［T/OL］. Wikipedia，https：//en. wikipedia. org/wiki/SymbioCity.

[70] RANHAGEN U. 可持续城市发展方法与工具之介绍和反思［T］. SWECO，2016.

［71］BURGESS E W. The Growth of the City：An Introduction to a Research Project ［A］. In：Marzluff J. M. et al. （eds）. Urban Ecology ［C］. Boston：Springer, 2008, 71-78.

［72］KENNEDY C, J CUDDIHY, J ENGEL-YAN. The changing metabolism of cities ［J］. Journal of Industrial Ecology, 2007, 11 （2）：43-59.

［73］黑川纪章. 共生城市 ［J］. 窦以德执笔, 周定友译. 建筑学报, 2001 （4）：7-12.

［74］SENNETT R. FLESH and STONE：The body and the city in western civilization ［M］. WW Norton & Company, 1996.

［75］吴良镛. 北京旧城与菊儿胡同 ［M］. 北京：中国建筑工业出版社, 1994.

［76］RESTREPO, J D C, T MORALES-PINZÓN. Urban metabolism and sustainability：Precedents, genesis and research perspectives ［J］. Resources, Conservation & Recycling, 2018 （131）：216-224.

［77］ZHANG Y. Urban metabolism：a review of research methodologies ［J］. Environment Pollution, 2013 （178）：463-473.

［78］吴晨. 城市复兴的理论探索 ［J］. 世界建筑, 2012 （12）：72-78.

［79］彼得·史密斯. 城市化的动力学 ［M］. 叶齐茂, 倪晓晖, 译. 北京：中国建筑工业出版社, 2015.

［80］关成贺. 城市形态与数字化城市设计 ［J］. 国际城市规划, 2018, 3 （1）：22-27.

［81］朱力, 孙莉. 英国城市复兴：概念、原则和可持续的战略导向方法 ［J］. 国际城市规划, 2007, 22 （4）：1-5.

［82］余高红, 朱晨. 欧美城市再生理论与实践的演变及启示 ［J］. 建筑师, 2009 （4）：15-19.

［83］余高红, 吕斌. 转型期小城市旧城可持续再生的思考 ［J］. 城市规划, 2008, 32 （2）：16-21.

［84］ROBERTS, P H SYKES. Urban Regeneration：A handbook ［M］. Sage, 2000.

［85］阮仪三. 当今旧城改建中的一些问题 ［J］. 城市规划汇刊, 1996 （1）：57-58.

［86］张高攀. 城市"贫困聚居"现象其对策探讨——以北京市为例 ［J］. 城市规划, 2006, 30 （1）：40-46.

［87］翁华锋. 国外城市更新的历程与特点及其几点启示 ［J］. 福建建筑, 2006 （5）：22-23.

［88］阿尔伯斯·G. 城市规划理论与实践概论 ［M］. 北京：科学出版社, 2000.

［89］叶齐茂. 农村人居环境的科学技术研究和开发呈现出六大趋势. http：//yeqimao. blogchina. com/280901. html.

［90］毛桂龙, 刘扣生. 村庄有机更新的思路与对策研究 ［J］. 小城镇建设, 2012 （5）：65-69.

［91］王竹, 钱振澜. 乡村人居环境有机更新理念与策略 ［J］. 西部人居环境学刊, 2015 （2）：15-19.

［92］谭刚毅, 贾艳飞. 历史维度的乡土建成遗产之概念辨析与保护策略 ［J］. 建筑遗产, 2018 （1）：22-31.

［93］张松. 城市建成遗产概念的生成及其启示［J］. 建筑遗产，2017，3：1-14.

［94］Vernacular. Wikipedia，https：//en. wikipedia. org/wiki/Vernacular#cite_ ref-4.

［95］ICOMOS. Charter on the Built VernacularHeritage［EB/OL］.1999. https：//www. ico-mos. org/images/DOCUMENTS/Charters/vernacular_ e. pdf.

［96］常青. 过去的未来：关于建成遗产问题的批判性认知与实践［J］. 建筑学报，2018（4）：08-12.

［97］兰德·梅森. 论以价值为中心的历史保护理论与实践［J］. 卢永毅，潘玥，陈旋，译. 建筑遗产，2016（3）：2-5.

［98］COLE R J. Regenerative design and development：current theory and practice［J］. Building Research & Information，2010，40（1）：1-6.

［99］MANG N. Toward a Regenerative Psychology of UrbanPlanning［D］. Saybrook Graduate School and Research Center，San Francisco，CA，2009.

［100］LEATHERBARROW D. Architecture Oriented Otherwise［M］. NJ，Princeton，Princeton Architectural Press，2009.

［101］叶齐茂. 统筹人与自然和谐发展的乡村规划思路［J］. 小城镇规划，2004（5）：24-25.

［102］RICHARD ROGERS. Towards an Urban Renaissance［R］. Routledge，1999.

［103］许玲. 大城市周边地区小城镇发展研究［D］. 陕西：西北农林科技大学，2004：15-16.

［104］王建国. 中国城市设计发展和建筑师的专业地位［J］. 建筑学报，2016（07）.

［105］罗隽，何晓昕. 历史城镇文化身份的塑造［J］. 建筑学报，2018（07）：105-112.

［106］RIK N. David Chipperfield Architects［M］. Köln：Walther König，2013.

［107］CHIPPERFIELD D. The Neues Museum：Architectural Concept［M］. Leipzig：E. A. Seemann，2009.

［108］DENSLAGEN W. Romantic Modernism［M］. Amsterdam University Press，2009.

［109］FRAMPTON K. 现代建筑：一部批判的历史［M］. 北京：三联书店，2004.

［110］gad·line + studio. 飞莺集·松阳陈家铺［OL］. 谷德设计网，2018.12.

［111］GOSPODINI A. European Cities in Competition and the New "Users" of Urban Design［J］. Journal of Urban Design，2002，7（1）：59-73.

［112］LANG J. Urban Design：A Typology of Procedures and Products（2nd edition）［M］. New York：Routledge，2017.

［113］阿摩斯·拉普卜特. 建成环境的意义——非言语表达方式［M］. 黄兰谷，译. 北京：中国建筑工业出版社，2003.

［114］朱大可. 乌镇的乌托邦［Z/OL］. http：//blog. sina. com. cn/s/blog_ 47147e9e01008is6. html. 原载《先锋中国评论》2008 年 2 月号.

［115］杨·盖尔. 交往与空间［M］. 北京：中国建筑工业出版社，2002.

［116］吴良镛. 广义建筑学［M］. 北京：中国建筑工业出版社，1989.

［117］朱小雷. 建成环境主观评价方法研究［D］. 广州：华南理工大学，2003.

［118］刘先觉．现代建筑理论——建筑结合人文科学自然科学与技术科学的新成就［M］．北京：中国建筑工业出版社，2000.

［119］高治军，杜嘉．基于层次分析法与模糊评价的学科水平评估［J］．重庆交通学院学报（社科版），2006，6（3）：96-100.

［120］张继刚，蒋勇，等．城市风貌的模糊评价举例［J］．华中建筑，2001，1（19）：18-21.

［121］鲁晓敏．庆元浙闽之间有个罕见的"廊桥王国"［J］．中国国家地理，2015（03）.

［122］刘建国，张文忠．人居环境评价方法研究综述［J］．城市发展研究，2014，6（21）：46-52.

［123］金新政，厉岩．优序图和层次分析法在确定权重时的比较研究及应用［J］．中国卫生统计，2001，18（2）：119-120.

［124］俞国良，王青兰，杨治良．环境心理学［M］．北京：人民教育出版社，1999.